UPWARD GROWTH

Rebuild the internal mode of life

向上而生

成全自己的思维模式

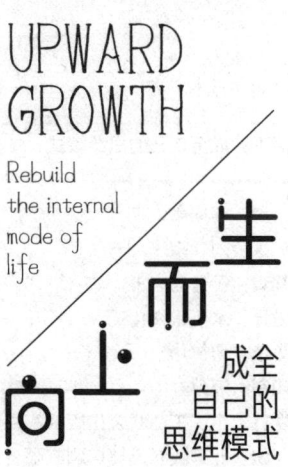

李向阳 著

中华工商联合出版社

图书在版编目（CIP）数据

向上而生：成全自己的思维模式 / 李向阳著.
—— 北京：中华工商联合出版社，2023.5
ISBN 978-7-5158-3643-0

Ⅰ.①向… Ⅱ.①李… Ⅲ.①人生哲学–通俗读物
Ⅳ.①B821-49

中国国家版本馆CIP数据核字（2023）第058986号

向上而生：成全自己的思维模式

作　　者：	李向阳
出 品 人：	刘　刚
责任编辑：	于建廷　王　欢
装帧设计：	水玉银文化
责任审读：	傅德华
责任印制：	迈致红
出版发行：	中华工商联合出版社有限责任公司
印　　刷：	北京毅峰迅捷印刷有限公司
版　　次：	2023年5月第1版
印　　次：	2023年5月第1次印刷
开　　本：	710mm × 1000mm　1/16
字　　数：	260千字
印　　张：	16.25
书　　号：	ISBN 978-7-5158-3643-0
定　　价：	49.90元

服务热线：010-58301130-0（前台）
销售热线：010-58301132（发行部）
　　　　　010-58302977（网络部）
　　　　　010-58302837（馆配部）
　　　　　010-58302813（团购部）
地址邮编：北京市西城区西环广场A座
　　　　　19-20层，100044
　　　　　http://www.chgslcbs.cn
投稿热线：010-58302907（总编室）
投稿邮箱：1621239583@qq.com

工商联版图书
版权所有　侵权必究

凡本社图书出现印装质量问题，
请与印务部联系。

联系电话：010-58302915

前 言

岁月不语，
却回答了所有问题

1

小时候，盼望着快点长大；长大后，却又想重回童年。

可是，如梭的岁月，不会逆流，它只会拾级而上，奔袭向前。

不论你此时多么青春飞扬，岁月的痕迹，总有一天会写在你的脸上。

多年以后，历经沧桑的你，身形变了模样，你已不再是那个意气风发的少年了，当你认清了生活的真相，便再也找寻不到当初的年少轻狂。

长大后一切都变了，你不能死皮赖脸地宅在家里"啃老"，也不能理所当然地依偎在父母身边做个"巨婴"。你要做一个不动声色的大人了，不准游手好闲空度日，也不准歇斯底里瞎胡闹。你要学会独立，凡事靠自己；你还要学会承受委屈，不做情绪的"奴隶"；你更要练就独当一面的能力，为家人扛起责任与担当。

成长是一个过程，但长大却是一瞬间。突然有一天，那个带着书生意气的你站上了工作的岗位，你会不会感觉到不适应？

先不要急于向世界证明什么，而是告诉世界，你学会了什么，你能做什么？按捺一下激动的心情，不是让你故作深沉，演绎高冷，而是让你不要给别人留下一个毛毛糙糙的印象。

恰逢青春年少，毛羽未丰，又怎能佯装与年龄不相符的成熟和稳重？也许，你只是想快点长大，但爱你的人并不希望你不经世事就少年老成，你若收到了叮咛，那是提醒你不要冲动。可是，成长这条路，总有意料之外的坎坷与曲折，即便你小心翼翼，也逃不掉风雨洗礼和岁月的无情打磨。

人生这条路，既然挫折不可避免，不如战胜恐惧，脚踏实地，勇往直前。

也许，你初生牛犊不怕虎，急于证明自己的彪悍人生；也许，你疏忽大意，开局便遭遇人生滑铁卢；也许，你出身不凡，出场便是巅峰；也许，你一无所有，凡事都要靠自己。

你会度过怎样的人生，答案就在脚下。只是，未来的你能不能与最好的自己相遇，还要看你是否敢于挑战自己。

不要说世界残酷无情，那是你没有实力证明，当你强大到一定程度，也就没有谁能羁绊你前进的脚步了。你想让世界对你刮目相待，和颜悦色，就要有拿出手的"真功夫"，毕竟，实力才能让你在茫茫人海中脱颖而出。

该你登场了，我知道你铆足了劲，蓄势待发，亟待证明自己。

怀揣梦想，迈着青春的步伐，你出发了，走着走着，突然顿住了，不知道何去何从。

迷茫像是一曲乱了节奏的旋律，不约而至，令人心无所依，意乱神迷。有许多美好的愿望，却不知如何安放，心中波澜乍起，如同挣扎的狂风，胡乱吹拂。

谁的青春不迷茫？这句话容易理解，青春年少正值人生探索时期，面对纵横交错的前路，举棋不定，乱了阵脚，似乎也在所难免。因为，一切成长中的不确定都可能成为迷茫的种子，在现实与梦想的较量中，滋生出了无助、失落和焦虑。

站在人生的十字路口，你选择左转还是右转？你心向往之的光明大道到底是哪一条？

心中萌动着对成功的无比渴望，你想变成一道耀眼的光，从此闪亮登场，可眼前总有迷雾遮挡，如何摆脱不堪的人生，实现自己心中深藏的梦想？

没有谁的人生不迷茫，也许我们迷茫的诱因不同，程度不同，在人生的某一个阶段，某一个节点，不清楚自己到底在做什么，不知所向，浑噩度日。

迷茫，不是因为懵懂，而是没有精准定位。没有规划的人生，总是乱七八糟；没有准备好的出发，注定无所适从。

站在人生的舞台，你首先要明白，你是谁？你要去哪里？你将通过何种方式演绎自己的精彩？

人真正的清醒，不是聪明，而是自知之明。你知道你是谁，也知道要去哪里，更知道将会以何种方式成就自己。

能看清自己的人，目标明确，迈着坚定的步伐逐梦；而看不清自己的人，不知何去何从，被思维束缚，迷失了自我。

站在选择的路口，不少人都会朝捷径的方向张望，希望找一本速成秘籍"导航"，将自己的人生引领上一条坦途。可是，现实的路况总比设想的复杂，想赢的念头虽此起彼伏，但欲速者未必先达，你偷过的懒，和不该碰的急功近利，总有一天会发出预警，提醒你，人生路径需提前准备和谋划，而不是事已至此不得不往。

很多时候，一个人之所以会陷入被动，不是不作为，而是走错了路。

若感到前途渺茫，你是执意前往，还是另寻他途？一条道走到黑，可能会撞上南墙，无功而返，而另辟蹊径，意味着前功尽弃，心有不甘。

你被灌输了太多的生存之道，你以为只有速度才能超越人群中的多数，于是你快马加鞭，终日忙碌。然而，你越是着急，越是不得要领；越是迫不及待，越有可能选择失误。

你向往成功，却没有才华支撑，那么，你如何圆梦？而没有信仰的匆忙，最终也只是瞎忙一场。

为了生活四处奔波，但此时的你却背离了初衷，或许是迫不得已，或许是一个小小诱惑而偏离。你所期待的快乐进程被现实逼进了"死胡同"，无法掩饰的失望、不安和焦灼写在脸上，想与自己和解，重整旗鼓，从头再来，但你已出发良久，木已成舟，回头太难。于是纠结着、僵持着，不知如何改写人生境况，迎来属于自己的幸福曙光。

显然，治愈迷茫不能靠通宵达旦玩游戏，借酒浇愁，高歌一曲；改变命运也不能靠幸运，天上掉馅饼。毕竟，迷茫是来自内心的纠结与彷徨，用娱乐至上的方式赌明天无法治其根本，疗其心伤。

但凡成事者，必先立其志，知道自己将要去哪里，志不立，奔波无期；其次，知行合一，脚踏实地。行是成之根本，"道虽迩，不行不至；事虽小，不为不成"，凡事只有做才能开花结果。空想、贪玩误事，积极进取、自强不息才能改变自己。

的确，人这一生，总有那么关键几步。我们之所以会纠结选项，是因为一旦选择错误，就可能努力白费。但此时，没有人能告诉你一个关于未来的标准答案，因为，好与坏都需要时间来验证。

如果你正在寻找一本能够与迷茫挥手告别的"人生指南"，我想你可能会失望，因为，人生足够漫长，而迷茫只是我们坚定出发前的一场思量。

条条大道通罗马，当下的观望，都是为了来日方长。愿你唤醒自己的梦想，手持坚定的信仰，驱散眼前的迷雾，坚定前行，你终将遇见不一样的自己。

人生如戏，精彩与否，全看演技，而最好的演技就是实力。

为了悄悄拔尖，你已竭尽全力，为了实现心中的梦想，也不曾放弃。

每一个不惧风雨的逐梦者，都有一个不畏长路，临难不苟的特质。为了演绎精彩，也为了让这场人生"马拉松"更有意义，他们挥洒汗水，不负韶华，用努力书写梦想，用行动绽放属于自己的光芒。

在人生赛道上奔跑，没有人愿意输掉这场比赛。只是，凡事太过用力，往往会过犹不及。

想想看，是什么让你步履匆匆，又是什么让你不敢懈怠和放松？

不可否认，对物质的狂热，推动了进步，但同时也颠覆了人设。曾经，人与人之间的纯粹，在唯利是图的躁动里渐渐变了味，我们感叹这个世界变得太快，却忽略了对自我精神的修炼，不知不觉变成了人生路上那个疾行的躯壳，灵魂丢在身后却浑然不知。

逃避的念头由来已久，可在众目睽睽之下，又不好意思；总想把自己隐藏起来，可到处都有注视你的眼睛。无处可逃，又插翅难飞，被拘囿在了梦想与现实的边缘。

曾经海阔天空，到头来仍是一场梦。你努力过，争取过，也拼搏过，以为生活不会辜负你的期待，然而，梦想有多丰满，现实就有多骨感。

当梦想照进现实，你会发现，多数人的匆忙并不是为了成就不凡，而是为了扛起责任与担当。你辛苦一场，大概也只是为了给生活换来安全感，不为斗米折腰，不为金钱媚骨而已。

现实是一个敏感的话题，虽知家家都有一本难念的经，可你眼中的世界却总是一片繁荣，对比自己，总有一种格格不入的困惑。

人在年轻的时候，都憋了一股冲劲，可一旦徜徉在现实的洪流之中，便感知到了无形的阻力，想逆流而上，反转人生，却发现自己势单力薄，力不从心；想匆忙逐梦，踏上捷径，最后却过犹不及，事与愿违。

经过了许多事，你终于明白了，即使你十分努力，也无法保证结果无懈可击。

一个人一旦认清了生活的真相，承认自己是个普通人，便不会再自命不凡，其追求的"风向标"也将会变得更加务实和理性。

人生最难得的是：只问耕耘，不问收获。而不是，只想收获，不想付出。

纪伯伦曾说：如果有一天，你不再寻找爱情，只是去爱；你不再渴望成功，只是去做；你不再追求空泛的成长，只是开始修养自己的性情；你的人生一切，才真正开始。

人间值得，但没有不劳而获，想要不负此生，就要笃定前行。

你为了演绎一段传奇，火力全开，不惜透支自己，但我还是要劝你，不要试图做人生路上的全能冠军，在自己熟悉的赛道上领先就已实属不易。

努力决定精彩，执着决定未来，唯有倾情出演，才能让掌声响起来。

4

你很累，我知道，特别是在竭尽全力向上攀登或不甘拜下风的时候。

他也不轻松，大家心照不宣。

岁月的残酷之处在于，它只负责把你催老，却不管你是否被生活压弯了腰。

你马不停蹄，步履匆匆，为梦想负重前行，只是想证明，这辈子没有白活一场。

人生过半，最让人感同身受的就是，人生不易，过好更难。

你忙忙碌碌，不知道有没有追寻到属于自己的幸福？若遗憾在所难免，不如放下得失与执念，跟随内心的指引，做一个不被世俗污染的人。不以物喜，不以己悲，过去的就让它过去吧！余生还长，机会还有，重要的是你接下来的路该如何去走。

我并不想改变你，我只是想给你一点鼓励和勇气；

我并不想颠覆你的认知，我只是想告诉你，若此路不通，请另寻他途；

我并不想给你灌"鸡汤"，我只是想让你明白，学习的重要性；

我并不想贩卖焦虑，我只是想告诉你，能掌控你的只有自己。

其实，你并非无路可走，你只是患得患失而已；

你并非一败涂地，你只是没有走完该走的余路；

你并非平庸之辈，你身上一定有属于自己的闪亮之处；

你并非孤单无助，爱你的人会为你祈祷和祝福。

努力的意义不是为了超越别人，而是为了成就自己，以便在尘埃落定之后，墓志铭上镌刻的是名正言顺的赞美。

岁月真的好残忍，它悄无声息地剥夺了青春，又会毫不客气地带走生命。一辈子没有那么漫长，珍惜拥有的，不负韶华；拥抱未知的，不负余生。

人生足够有趣，你千万不要在无聊中老去。

希望你的余生多一些清澈感悟，带着满意、明了，收获岁月静好。

但愿，所有的曲终人散都值得怀念，在记忆里珍藏的，不仅有不曾辜负的光辉岁月，还有属于自己的精彩人生。

目录

第一章
何以解忧，唯有洒脱

世界那么精彩，你想不想去看看 //003
拿得起，放得下 //010
脚步太匆匆，不如慢慢行 //016
把不能变可能，把人生变不同 //024
物质要雄起，精神要跟上 //033
赚钱有道，花钱有度 //039
欲望太拥挤，退一步又如何 //047

第二章
问世间情为何物

想念父母，就常回家看看 //057
至少还有你——我的爱人 //062
谈朋友——君子之交淡如水 //069
当有了孩子以后 //077

第三章
忙碌时代的明白人

尽力而为，还是全力以赴 //089
混日子，就是混人生 //092
成功难复制，经验可模仿 //099
痴迷游戏，就是游戏人生 //106
手机是助理，但不是伴侣 //111
选择不对，努力白费 //117
糊涂之道最难得 //125
在问题里寻找答案 //129
道理我懂，可是做不到怎么办 //136
莫让攀比伤害你 //143
有储蓄，才有底气 //150

第四章
在路上，生命的远行

经历即财富 //157
小心！别把创业变创伤 //165
人生，顺境和逆境交替进行 //173
走捷径的人，抵达了吗？ //181
成功是逼出来的 //187
努力是进步的阶梯 //192

第五章

心若舞兮,梦亦启航

翻身靠自己 //201
童话都是骗人的吗 //205
美好的新年愿望 //211
世界需要你温柔以待 //218

第六章

你是一个受欢迎的人吗

擦亮素质的名片 //227
莫因冲动酿大错 //231
让抱怨到此为止 //238

第一章

何以解忧,
唯有洒脱

世界那么精彩，
你想不想去看看

1

"**世**界那么精彩，你想不想去看看"？如果偶遇街头采访，你会给出怎样的回答？想必你也会脱口而出表示肯定，同时反问一句，谁不想呢？这的确是一个稚拙的问题。

提到外面的世界，总让人迫不及待，心向往之。只是你会不会从忙碌中抽身而出，给自己一个理由：世界很精彩，我想去看看。

几年前一封女教师的辞职信曾在网络引起了广泛关注和热议，辞职理由只有10个字："世界那么大，我想去看看"。有评论说这是史上最具情怀的辞职信，没有之一。

这封留白很多的辞职信，不但给人们留下了无限的遐想，还成为公众茶余饭后热议的话题。恐怕连这位老师也始料未及的是，一个人的辞职几乎演变成一起公共围观事件。网友一边看热闹般为女教师喝彩，一边羡慕嫉妒恨——喝彩是因为人家的辞职怎能如此随心所欲，不拘绳墨；恨的是自己勇气不足，有那个贼心没那个贼胆呀！在这个彰显个性的时代，每个人都有自己的人生主张，我们暂且不谈辞职本身的对错，敢于放下本身就是一种洒脱吧！对困扰自己的心灵枷锁说不，去追求更高远的自由是不是一种勇敢呢？我认为是的。

我们之所以佩服勇敢者，是因为勇敢者往往敢于做别人不敢做的事。其实我们知道，"敢"与"不敢"没那么简单，放下本身也并不是一件容易的事。只是我们看到一个如此超凡脱俗的人，心中掠过一丝羡慕与无奈交织的情绪罢了，而我们接下来该干什么，生活依然日复一日。

有人说，人生字典里没有"容易"二字。我们似乎被太多的牵绊禁锢着，不得不努力工作，奋力拼搏，走了许久才发现，其实我们并没有追寻到心中的自由和幸福，相反却一步步地背离了目标和初衷。多少鸿鹄之志，多少豪言壮语，在现实面前也只能收纳在名为想象的盒子里，总想待时机成熟再出发，怕只怕就此湮没在岁月的长河里。

生活总被喧嚣和琐事围绕，在忙碌的日常里奔波，只为寻一条通往理想王国的路。关于未来，我们有太多美好的蓝图，或许你也对这几句话似曾相识：等我老了，等我有钱了，等我有了时间，就来一场说走就走的旅行，把这辈子想去的地方玩个遍，看个够。

可是，生活之所以会滋生出无聊和单调，大概是因为你没有努力经营和创造，所以留下了许多遗憾，错过了许多本不该错过的风景，而岁月这趟列车，一旦出发便没了回头路。很多事，放一放就凉了，等一等就没有了，蓦然回望，那些来不及做的事，会不会从此就嵌入心酸的记忆里？

2

你这么努力，不就是为了潇洒而活吗？可是，一个负重前行的人又怎能体会到轻松与快乐？在现实里拼命折腾，却力不从心，渐渐地适应了苟且，但只有你知道这不是你想要的理想生活。

也许，你心中依然深藏着"诗和远方"，只是，现实让你无暇顾及自己的初心和梦想。

如今，生命的进行曲更像是按下了快进键，耳边充斥着"你追我赶"的号角，马不停蹄，一路狂奔，直到走不动为止。

有人说活得累，那是因为我们无私、善良。我们在意别人的眼光，宁愿委屈自己，也不屑于做损人利己之事，对于家庭，更是义不容辞地包揽所有责任和义务。

为生活负重前行，如何不被压力压垮，在你累了倦了，打算撂挑子不干的时候，又怎样化压力为动力？显然，动力不是不知疲倦地往前冲，给匆忙层层加码，而是明白自己的承载力，知道什么时候给自己加油，什么时候给自己放假。

当你累了，何不从纷繁芜杂的日常中抽身而出？给自己一个忙里偷闲的理由，放缓脚步，仰望星空，去看看这个繁华世界。

生活不是一道单选题，你选择"诗和远方"，就一定要跟现实说再见吗？显然不是，现实就是当下的生活，走到哪里都要面对。人生离不开烟火，也没有谁能逃离柴米油盐的生活，不过单调的日子过久了，总会滋生出无聊乏味，让人心情变差，无法专注，更严重的是这种滋味会无情吞噬幸福感。

人们总想在平淡中活出不平凡，轰轰烈烈也好，真真切切也罢，你选择什么样的路就会看到什么样的风景。如果你有一颗蠢蠢欲动的心，意在"面朝大海，春暖花开"的诗意远方，走出去看看又何妨！

有人说，最具"自由与洒脱"的一句话，就是来一场说走就走的旅行。真正的"说走就走"不是六亲不认，一时冲动，而是早有谋划，有足够的沉淀和准备，不过能做到的人恐怕寥寥无几。

人们喜欢旅游的原因，大抵是喜欢那种逍遥自在的状态吧！就像水中游弋的鱼儿，天空翱翔的鸟儿，尽管我们无法感知它们的快乐，但那种没有羁绊的自由，想必最令人神往。

对于现代人而言，追求灵魂上的自由，更像是一门永远也无法完成的功课，我们有太多忙碌的理由，也有太多无法放下的借口。有时我们像是一只被囚禁的小鸟，想要飞得更高，却被现实束缚在了一块狭小地域，不论你如何努力，也无法让自己的生活轨迹发生翻天覆地的变化。

经常听到有人这样说：我向往某种生活。你可知道，你向往的生活别人也向往，你想得到什么样的结果就要付出什么样的努力，不然，你拿什么向往？

生活需要想象力，更需要创造力。世界上没有不劳而获的饕餮大餐，也没有凭空而来的优秀成绩单，你想要的一切美好，唯有执着于行，方可获得。

如果人生是一场旅行，想必每个人都希望收获一个精彩纷呈的过程，过得充实、幸福，心满意足，又趣味盎然。

人生总有无奈相伴，又有现实随行。世界那么精彩，你想去看看，却被牵绊困住了脚步；身体是自己的却身不由己；心在远方却无能为力；你付出了那么多，依然没有找到自己想要的生活；敢于为他人赴汤蹈火，却不敢为自己奋不顾身，最终，有趣的灵魂无处安放。梦想与现实之间到底隔着多少不可逾越的鸿沟？恐怕没有人能说清。在忙碌的日常，如果你想看看外面的世界，何不偷得一日闲，放下手里的工作，即使一场并不遥远的旅行也能让你身心放松。

其实，只要你愿意，也可以洒脱地放下现在，跟随内心的指引，潇洒走一回，乐享围城外的风景。有一句话说得经典：身体和灵魂，总要有一个在路上。不要忘记，所有矢志不渝的出发，都是为了更好的回归。当你被精彩的世界所感染，精彩就会融入你的灵魂，与你融为一体。

重温这封史上最具情怀的辞职信，使我突然想起被后人称为"游圣"

的徐霞客。

徐霞客19岁时，父亲因病去世。三年服孝期满，他萌发了外出游历的想法。因为从小受到父亲影响，他淡泊名利，更是厌恶官场的尔虞我诈，不想在那个无聊的圈子里混一辈子。于是把想法告诉了母亲，没想到母亲不仅十分认同，还给予年轻的徐霞客极大的支持和鼓励。

说走就走。徐霞客背上行囊，告别了衣食无忧的生活，从此踏上了游历之路。这一游就是30多年，东到浙江普陀山，西行云南腾冲，南到广西南宁一带，北至河北盘山，足迹踏遍大半个中国。那时候没有火车飞机，靠着两条腿，跋山涉水，翻山越岭，还得扛上行李。以虎狼为伴，与风雨同舟，饿了野果充饥，渴了清泉解渴，这画面想想是不是都很刺激呢！他边走边看，越看越喜欢，此时的他已被祖国的大好河山深深吸引，不能自拔。情寄山水就要不辞辛苦，显然风餐露宿、危机四伏的野外生活并未吓倒徐霞客。当然，徐霞客翻山越岭不只是看风景，也不是纯玩，他有更重要的使命。尽管旅途十分辛苦，但他每天都会抽时间写日记，把所见所闻所感，通过文字记录下来，这才有了中国地貌地质的开山之作《徐霞客游记》。这本60余万字的游记倾注了徐霞客毕生精力，对游历过程中观察到的地理、水文、地质等现象，均作了详细记录。这本书被称为中国旅游史及文化史上的一座里程碑，对于地理科学来说更是弥足珍贵。对普通读者而言，它更像一本旅游指南，书中那一片片壮阔辽远的风景，一座座高峻挺拔的山峰，似乎都在鼓动着人们探索的心。

纵观徐霞客的大半生，不是在游历，就是在游历的路上。游历是他的理想，更是他的事业。逐梦之路注定不是一条坦途，既然选择前行，就无法避免艰难险阻。虽然，身体疲惫，但心里却是痛并快乐着，在行走中收获的惊喜和感动，恐怕只有经历过的人才能深切体会。徐霞客几十年如一日的游历过程，已远远超越了"游山玩水"本身，对梦想的不懈追求和向往，像一面旗帜，激励着他不断前进，最后超越了自我，也实现了自我。付出才有回报，在硕果累累的收获面前，你会发现，挥洒的所有汗水都是值得的。

人生就像一场旅行,跋山涉水,看过的风景,最后汇集成一幅绚丽多彩的画卷。有的画卷浓墨重彩、美不胜收;有的画卷粗枝大叶、美中不足。真实的人生,其实就是一个不断探索的过程,只有迈开脚步,勇往直前,路才会越走越宽,越走越顺。

俗话说:"读万卷书,行万里路。"如果说"读万卷书"是学识的历练,那么"行万里路"则是眼界的拔高。面对人生的挑战,见多识广的人,更胜一筹。如果你也曾感到迷茫、无助,不妨迈开脚步去开拓、去探索,走的路多了,自然会拨云见日,找到解决问题的出路。

我们憧憬未来,意在远方,不只是为了开阔眼界,更重要的是给紧绷的神经放假和松绑,在美妙的体验中让自己开心起来、快乐起来。

4

世界丰富多彩、千姿百态,而我们却把生活过得如此单调乏味,千篇一律,多少人的人生坐标被定格在了"两点一线"之间,在幸福边缘兜兜转转。

未来的日子几乎一眼就能望穿,在风平浪静中平平淡淡地度完余生,这好像也是多数人的心声。如果一个人把日子过得不温不火没有大起大落,甚至会被定义为幸福的标志。

平淡就幸福吗?追求平淡本没错,怕只怕把平淡变成了平庸,把生活过成了一潭死水,浑浑噩噩一辈子,与世间的美好无缘,丧失了激情和活力。

弦绷得太紧,会断;心绷得太紧,会痛。与其说来一场说走就走的旅行是一种洒脱和放松,不如说是对忙碌生活的一种馈赠,而人渴望这种馈赠。因为，没有人愿意被束缚在一个小圈子里，带上向往和好奇心，跟随内心的渴望，走一走，看一看，当你踏遍了万水千山，见识了沧海桑田，便不会拘泥于眼前的得失，你的眼界和格局也会随之变大。

每个人的梦里都有一个属于自己的世外桃源，是面朝大海，春暖花开；还是采菊东篱下，悠然见南山？梦虽美，不行不至，你念想远方，首先要迈开脚步。

我们领略这个精彩世界，是为了给有趣的灵魂赋能，而不是为了炫耀优越感。当一场旅行变成了拍照的狂欢，那么旅行的意义也就打了折扣。风景只有印在了脑海里，才是真正的不虚此行。

旅行的真正意义不是远方，而是路上。真正的目的地，不是地理位置上的一个坐标，而是你踏遍万水千山之后的心灵感悟。

如果你真的累了、倦了、烦了，何不给心灵放个假？若你十分向往，那么一切都无法阻挡，不过出发前你要好好思量，你拿什么衬托你的梦想。梦想的引擎离不开努力和创造，让我们期盼的不只是飞得更高、看得更远，而是赋予人生趣味和能量。当你努力赚钱，有了"自由行"的资本，就没有什么能束缚你的脚步，羁绊你的热爱了。

生活或许无聊，但世界始终包容。假如生活欺骗了你，不必气馁，也不必痛苦失望，大自然就是一剂治愈无趣的良药，背起背包去寻觅这世间最美妙的风景吧！当你放下负累、执念，听从内心的召唤，去探索这个精彩的世界，外面的精彩，也许会让你把一切烦恼都甩掉。

最好的时光在路上，最美的风景在远方。《天堂电影院》里，有一句话："如果你不出去走走，你就会以为这就是世界。"走出去，有时并不是不甘当下，而是为了拥抱更加美好的未来。

人生没有白走的路，每一次跨越都是一种进步，在这个精彩的世界里，探索永无止境。如果你听到自己内心呼唤的声音，那就出发吧！

拿得起，放得下

1

做人要拿得起，放得下。这句话说出来容易，做起来难。人生的许多烦恼，都源于拿得起，放不下，悬在心中，妄念丛生，不堪重负。

其实，人生有很多东西都是可以放下的，只有放得下，才能拿得起。

想要快乐，就忘掉痛苦；想要轻松，就卸下包袱；要想离开，就会有告别。人生就是这样，你想得到这些，必然要放下那些，什么都想得到的人，注定什么也得不到。

人生，最重要的是选择，最难得的是放下。这个世界上，没有人能把全部风景揽入怀中，也没有人可以把所有财富占为己有，在得失之间，我们要掂量掂量孰轻孰重，不要一味追求"拿起来"，也不能心生犹豫半途而废，而是把"多余的、额外的、不属于你的"放下，以一种"空杯"心态面对人生。

但让我们纠结的是，面对拿得起的诱惑和放得下的不舍，我们该如何抉择？

《卧虎藏龙》里有一句话："当你紧握双手，里面什么也没有。当你打开双手，世界都在你手里。"人生许多事，越是苛求越是容易失去。就像一把沙子，抓得越紧，流失得越多，感情也同样如此，不管爱得多深，也要给彼此留点空间。

一个人若执念太深，不仅会迷失自我，还会吞噬幸福。很多时候，越是在意，越是不愿意舍弃，该放不放，到头来反而失去了最宝贵的东西。

我曾看过这样一个故事。一个年轻人，为一件无法放下的事痛苦不堪。一天，他偶遇一位大师，希望大师为他指点迷津。大师给他一个茶杯，不由分说便往里面加注热水，一直加到水满而溢，他的手被烫到，马上就放下了茶杯。大师说道："这个世界上并没有什么事是放不下的，痛了，自然就会放下。"

最让人刻骨铭心的领悟，大概就是付出了痛苦的代价。若不痛呢？就像温水煮青蛙，继续得过且过，只是水温会变化，一旦错过了逃出去的机会，留下的必然是一场悲剧。

就如同一段感情，明知对方用情不专，却依然念念不忘，当爱到了尽头，就只剩下了自酿的苦果。说起来有点悲哀，但在我们周围那些爱起来不顾一切，等到遍体鳞伤才知道放手的人，到最后不知是否会后悔当初的执迷不悟。

人生在世，难免会有不舍，到底哪些该抓住，哪些该放下？在取舍之间，如何把握分寸，抓住重点？鉴于人各有志以及"爱屋及乌"的特点，对于取舍，我想并没有一个放之四海而皆准的答案，不过，最明智的选择，一定不是顽固不化绝不放弃，也不是一意孤行不知变通，而是遇到此路不通时，知道回头和放下。

人太在意得失，则会被得失所困，患得患失，纠结为难，对那些无法企及的目标心生向往，却拿不起也放不下，悬在心里，自寻烦恼。

拿得起是能力，放得下是智慧。只有先把不属于你的东西放下，才有资格拥抱更加美好的未来。

烦恼的根源，很多时候不是得到的太少，而是想要的太多。

什么都想要的人，反而什么也得不到。面对名目繁多的目标，贪心有余，能力却不足，内心充满着纠结、烦躁和不安，苦苦寻觅却求而不得，更加郁闷和失落。

世上本无事，庸人自扰之。一个人若能放下不切实际的欲望，卸下不堪重负的累赘，以一种神闲气定的心情坦然面对人生，还有什么事情能把他羁绊？

人生因看淡而心安，因放下而释怀。与其把时间浪费在没有结果的期待上，念念不忘，朝思暮想，不如学会放下，懂得放手，以一种"大不了从头再来"的心态，该放就放，该断就断，卸下压在心头的包袱，抖掉身上的枷锁，才能从容自若。

很多时候，我们不是得不到才放下，而是因为得到了放不下。

有这样一个故事。

一个富翁背着许多金银财宝，出门寻找快乐，找了许久都未能如愿，他郁闷至极，愁眉不展。

这时，一个农夫哼着小曲，扛着一大捆柴草从山上走下来。富翁拦住农夫问道："我家财万贯，衣食无忧，为什么还没有你快乐呢？"农夫放下沉甸甸的柴草说："你想要快乐？很简单，放下！"

一句简单的话，让富翁茅塞顿开。自己背着金银财宝赶路，每天都过得战战兢兢，总担心财富不翼而飞，哪有心思快乐？于是富翁拿出一部分钱财救济穷人，他的善举让受资助者无比感动，看着他们开心的样子，他也从中品尝到了快乐的滋味。

真正的聪明人，都善于给人生"做减法"。不囿于情，不纠于物，以一种豁达的心胸面对人生。因为他们知道，一个人只有放下才会轻松，只有看淡才能释怀。当你学会了放下，明白了舍得，你的心境一定会变得云淡风轻，海阔天空。

你若累了，不如重新审视自己的追求，舍弃本是负累的"不舍"，轻装前行，才能走得轻松、惬意和潇洒。

"拿得起，放得下"并不是让你放弃辛苦打拼来的所有，也不是说什么都不要，而是说要什么、怎么要、要多少，只有懂得了这些，才能真正明白舍得的要义。一味追求不属于自己的东西，只会事与愿违，徒增烦恼。

试想，一个被负累压得喘不过气的人，又怎能轻松面对人生？真正的幸福不在于拥有，而在于知足。

放下贪念，才会知足；轻装上阵，才会快乐。

3

人生的一切烦恼和压力，归根究底是因为放不下。

一个心事重重的人去找算命先生"排忧解惑"。先生一看他愁眉苦脸的样子，便知他心中有解不开的疙瘩，想不开，放不下。相由心生，一个人放不下，就会表现在情绪上，展露出的是无精打采，表情拧巴。俗话说，解铃还须系铃人，心痛还需心药医，只有放得下，才能走出困扰自己心灵的魔咒，才能得以豁达、解脱。

现代人的不开心多数都与不堪重负有关，拿不起来，也放不下去，当断不断，左右为难，被烦恼滋扰，不胜其烦。

追逐物质丰富固然没错，却不能把生活变成只为金钱而活，匆忙一世，你终究会发现，我们真正需要的东西并不多，千万不要被身外之物束缚住了快乐。

我们必须明白，卸下沉重的包袱，不是不思进取，也不是自暴自弃，更不是破罐子破摔，而是把心态放平，把姿态调低，以便把遗落的东西捡起来。

假如有一个问题，思来想去也无法给出答案，那么最好的选择不是硬闯，而是先放下，就像一条无法跨越的河，把视线转移一下，也许，你会发现不远处就有一座通往彼岸的桥呢。

很多时候，困住人的，往往不是绝境，而是心中那"生生不息"的欲望作祟。载你前行的人生之舟，唯有轻载，才能行稳致远。抓住人生重点，放下可有可无的事项，才不会与这世间的美好失之交臂。

鲁迅先生说："拿得起是一种勇气，放得下是一种豁达。"我们要有拿得起的资格，也要有放得下的魄力，因为生活中总会有迈不过去的坎，即便强求也无法改变结果，只会徒增烦恼，抱憾而归。

对过去的好放不下，是因为不舍；对过去的痛放不下，是因为难以忘怀。人一旦活在曾经里，就会对过去"念念不忘"，在剪不断理还乱的记忆里不能自拔。往事不堪回首，原来痛苦还在你这里徘徊。放下过去，才能迎接未来。留恋的东西再多那也是过去，只有走出来，才能走出去。

纵然生活必有其需，但并非"多多益善"，你要知道，生活中哪些是不可或缺的"必需品"，哪些是可有可无的"调味品"，唯有学会了"断舍离"，才能摆脱欲望对我们的侵袭。

4

人生有三种境界：第一，拿不起，放不下；第二，拿得起，放不下；第三，拿得起，放得下。毫无疑问，做人的最高境界就是：拿得起，放得下。

拿得起不必说了，人生重要的是放得下。对生命而言，我们不能放弃执着精神，但也不能把所有时间和精力都虚耗在"求而不得"的事项上。

保持一定的压力是有益的，适当的压力让人不至于消极和颓废，不过凡事都有一个度，太大的压力不但不会产生动力，反而会伤筋动骨，把人压垮。学会善待自己，懂得给自己的心灵放假，在你疲惫不堪的时候学会放手，在你走投无路的时候学会掉头。

有人说，人生就像一只皮箱，需要时拎起就走，不需要时就把它放下，该放下的时候不松手，沉重的皮箱就会成为负担。

"太累了，也该歇歇了，不可能所有事一天做完"，突然想到了刘欢的歌曲《温情永远》。人生这条路，有时快乐，有时忧伤，累了，就停下脚步，歇一会儿再走吧！追求没有止境，不要背负着昨日的忧伤上路。学会放下，放下心中无法释怀的苦闷和负累。一辈子不长，学会与自己和解，开心就好。

看花开花落，望云卷云舒，雨水洒落汇流成河，冬去春来嫩绿新增，亘古不变的自然规律让万事万物得以生生不息。面对波澜壮阔的大自然，不能苛求，也无法强留，看淡得失，顺其自然，大不了就接受。人生本来就像巍峨的山峰一样起起落落，当你体会了高处不胜寒的孤单，才会明白随遇而安、坦然自若的快乐。

一念放下，万般皆自然。《仙剑奇侠传》中剑圣挥手告别时留下一句意味深长的话："我去拿起一些我应该放下的东西。"这句看似矛盾的话，却是道家的精髓——无为，无为不是什么也不做，什么也不为，而是"得道者"修炼出的一种至高无上的人生境界。无为，看似无意也有意，在自然而然中修炼，在明明白白中顺其。能拿得起，也能放得下，不正是道法自然的完美体现吗？

放下是一种顿悟、一种解脱、一种胸怀，更是一种境界。

脚步太匆匆，
不如慢慢行

1

历史的车轮滚滚向前，把我们推向了一个"必须"要做很多事的世界里，扑面而来的压力和紧迫感，像是一把举在空中的鞭子，步步紧逼，不走不行。

当代人的匆忙，如同一场心照不宣的约定，在"时间就是金钱""效率就是生命"的口号声中，快节奏几乎演变成全员赛跑。马路上急速穿梭的汽车，步履匆匆的人潮，几乎所有人都在用速度诠释着"天下武功，唯快不破"的制胜秘诀。

人在江湖身不由己，我们害怕因慢错失良机，害怕因慢幸福缺席，更害怕因慢被社会淘汰出局，为了不输在起跑线上，为了缩小已拉开的差距，为了赢得扬眉吐气，我们不由自主地加快速度，事不宜迟，快马扬鞭，追不及待地去追求人生的美好前程。

步履匆匆的人们都有一个本质诉求，那就是慢下来的资本还没有攒够，我们被现实和金钱困扰，又被执念和不甘束缚，而慢不下来的原因大概就是为了追逐更美好的生活吧！我们有太多让自己快起来的理由，但最根本的原因想必就是跟得上节奏，追得上幸福，不能让自己掉队、落伍。

人生过半，突然发现，忙碌了这么多年，还有那么多理想和抱负没有实现。小时候憧憬外面的世界，背起行囊离开家乡，多年以后，蓦然回首才发现，似乎对他乡有了太多依赖和关联，想抽身而出已并非易事。然而，忙碌却不充实，有的只是枯燥和疲惫，被快节奏裹挟的人们，似乎已经很难放缓脚步了。

尽管有人说，每一个不曾起舞的日子，都是对生命的辜负。但是，这个"起舞"，绝不是凌乱的，毫无章法的群魔乱舞。

历经岁月的磨砺，你终究会明白，人生的意义绝不是直奔结果，而是用心领悟一段美好的过程，在过程中锻造、升华，唯有如此才无愧于心，无愧于因何而出发。也许，人生就是这样，当你苦苦寻觅风景时，一低头发现风景就在这里，可你仍心猿意马念想远方。

理想终究是理想，一旦照进现实，便是一场身不由己的匆忙。也许，你还有许多梦想没有实现，但我还是希望你不要只顾匆忙，把心静下来，看看眼前，想想未来，千万不要为了一时之快搭上自己的幸福。人生不算太长，别让仓促疾行忽略了一路美景，慢慢走，才能让你更真切地感受到来自身边的爱与温暖。

人生是一场旅行，最好的时光都在路上，慢下来，用心品味，你才会不虚此行。

曾看到过这样一句话：当我们正在为生活疲于奔命的时候，生活已经离我们而去。向往幸福，追求快乐，本无可厚非，但憧憬的脚步过于急切，便会顾此失彼。不要忘记，人生所有的奔赴，都是为了生活，而生活的这团烟火，只有慢慢绽放，才能收获浪漫和精彩。

2

忙碌久了，你想不想找点空闲，寻一处能让灵魂安静的地方，悠哉游哉度余生？

如今，之所以有那么多倡导"慢生活"的呼声，是因为快节奏并没有顺心遂愿，在匆忙的脚步背后，有多少人过得疲惫乏味，而这种忙于奔命的生活状态也绝非我们向往的人生追求。

我喜欢慢生活，但并不讨厌快节奏。接纳这个世界的不同，感受快慢带来的好处和弊端，在快慢中适可而止，因为，凡事皆有度，而走极端注定是一条不归路。

人生如酿酒，最忌操之过急，唯有耐心雕琢，静心沉淀，才能酝酿出意犹未尽的感动。

慢下来，脚步才不会凌乱；静下来，心情才不会烦扰。生活本该这样，不急不缓，优雅从容，只有会生活的人，才知道如何更好地生活。在你快马加鞭、日夜兼程往前赶的时候，慢一点，稳一点，不要因急搞得人仰马翻，不要因快而功亏一篑，不要因忙疏远了亲情……

喜欢成都，源于茶馆。来到这座城市，不自觉便放缓了脚步，在成都的街头走一走，想必你一定会陶醉在"慢生活"的气息里。据说半数成都人是在茶馆里过日子的，不管是邀三两好友，还是自酌自饮，把身体放松在藤椅里，捧一壶热茶，日子也随之悠闲、滋润、安逸起来，看到此情此景，想必你也会心生羡慕吧！可能身处城市久了，才会想念宁静，远离车马喧，回归内心的本真，做一回最真实的自我。

有一个故事，我看后感触良多。

一个绅士问一名晒太阳的老太太："夫人，你们这里的人生活节奏为什么总是慢悠悠的？"

老太太说："先生，你说人生最终的归宿是什么？"绅士想了想说："是死亡。"

老太太说："既然是死亡，何必那么着急呢？"

历经岁月沧桑，你终究会明白，匆忙并非就是幸福的必要条件。若你的一生，只顾疾行，还没有来得及享受就到了终点，会不会懊悔、心痛？

一旦那些千篇一律的日子到了尽头，错过的一定是不曾体验过的人生风景。

生命无法重来，珍惜眼前，过好当下，才能不负美好，不负余生。

3

漫漫人生路，慢一点又何妨？

人生毕竟不是竞技场，也不是一段必须分出胜负的马拉松，快马加鞭奔向终点的精神可嘉，但也会落下一个行色匆匆、疲惫不堪的身影。

路要一段一段地走，不要急于求成，因为，太用力的人是跑不远的，真正笑到最后的人靠的不是速度，而是永不言弃的坚持和耐力。就像登山，太快让人气喘吁吁，太慢又浪费了时间，不急不缓，才能走得踏实、从容。

金庸先生说："我的性子很缓慢，不着急，做什么事情都是徐徐缓缓，最后也都做好了，乐观豁达养天年。"

人生是一个过程，而不是一个结果，一切好结果都有一个缓慢叠加的过程。如果你一意孤行分秒必争，认为只有这样才能赢，也未尝不可，只是希望你调整姿态，注意健康，最重要的是确保平安抵达。

爱因斯坦说：人生就像骑自行车，只有不断前进，才不会摔倒。其实，摔倒并不可怕，可怕的是速度太快而失控，就像一台刹车出了问题的车子，随时随地都会有危险。

为了出人头地，为了跟得上时代的快节奏，我发现生活中不乏拼命三郎，他们像极了上足了发条的机器人，不辞辛苦，终日忙碌，也不知道他们的身体能不能吃得消。

我反对享乐主义，但不反对享受生活。人要学会劳逸结合，在辛苦中寻找快乐，欣然接受生活的馈赠，赋予自己平衡身心的权力。生活的进行曲，理应有欢歌笑语陪伴，如若没有，注定是悲剧。

想必你也会羡慕一个从容不迫的凡人吧！即使他的财富没有你丰厚，他的名头没有你显赫，那又有什么关系呢！重要的是他能掌控自己的脚步，是快是慢自己说了算。

人们崇拜先行者，是因为他们早一步看到了你不曾看到的风景，然而，人生是一个漫长的过程，决定人生胜负的，往往不是速度，而是耐力。能登上金字塔顶的，除了雄鹰，还有蜗牛。蜗牛爬得虽慢，但每一步都有清晰的痕迹支撑，只要它持之以恒，努力前行，最终也一定能成功登顶。

脚步太匆匆，不如慢慢行。但凡一件事和急切关联，便极易变质、变味。

我们常在媒体上看到各种一夜暴富的故事，这些故事为了引人注目，往往采用夸张手法，甚至有些是靠想象杜撰而来，并不真实。可总有人天真无邪、信以为真，在利益的诱惑下，整日琢磨速成，结果却偏离了初衷，误入歧途。

我们要有"静待花开"的耐心，而不是用非常手段"揠苗助长"。其实，在成事者的特质里，最该摒弃的就是急功近利的毛病，因为，今天栽果，明天就想要瓜熟蒂落，这不现实。

当然，你向往慢生活，不能成为消极的逃避，也不能成为自我的颓废，更不能把自己变成一个令人讨厌的懒汉。我们都知道"磨刀不误砍柴工"的道理，停下来或者慢下来不是为了从此躺平，而是为了"蓄势"，以便在"待发"之后让自己更具锋芒。成功是奋斗出来的，放慢脚步不是目的，而是一种自我调整，它让你有充足的时间认清方向，找准定位，把握机遇，理性抉择。因为，脚步慢下来，心静下来，才能把前行的路看得清楚，才能更好地观察和审视脚下的路。

人生路长，拼命前冲，也许能赢得一程，但能走到最后的，一定是耐力制胜。

不管做什么事，都不能急于求成，因为播种和收获并不在同一个季节。

很多时候，盲目的快就是一种"揠苗助长"，看似达到了一定的高度，却活得毫无生机，失去了该有的活力。就像一棵树，慢慢成长，才能根深蒂固、枝繁叶茂，才能经受住风雨的洗礼和考验。

心太急，就容易急功近利。要知道，只有顺应自然规律，"长"出来的果实才是最好的。但也不能漫不经心，听天由命，因为，所有丰收的喜悦都离不开辛勤的耕耘和努力。

在自己的人生主场，快慢急缓自己说了算，理性分析得失、利弊，而不是丧失主见，随波逐流，人云亦云。

实质上，一个有目标的人，即使他走得不快，也会比漫无目的的人更容易成功。

世界上最不缺的就是聪明人，我们缺什么？缺的是踏踏实实不求快的"笨人"。有些人为了快速登上人生的某个制高点，早出晚归，整天忙得晕头转向，到头来并没有多大成就。为什么你的人生一事无成？原因在于，没有目标的莽撞，没有效率的劳作，只会让你乘兴而来，铩羽而归。

也许，每一个匆忙的背影都有一个匆忙的理由。我们总是如此着急，恨不得省略过程，一跃成功，却忘了，速成并不会产生精彩的内容。就像一辆迷路的车子，速度已不再重要，重要的是你要尽快找到方向。如果一个人只是漫无目的地奔跑，一味求快，那么他可能误入歧途，欲速则不达。

真正厉害的人，都是掌控节奏的高手，他们带着从容而来，不急不躁，一步一个脚印，朝着目标拾级而上，最后站上了人生的高峰。

你想要的答案，就在过程里，你要拿出足够的耐心，去领悟，去努力。当你拥有了一鸣惊人的实力，该来的终究会来。

不积跬步，无以至千里；不积小流，无以成江河。聪明人无不深谙此理，人生只有一步一个脚印，踏实逐梦，才能抵达诗和远方。

倘若，我们追逐的脚步过于急切，以结果制胜，就会忽略过程，导致基础不牢。而行事潦草的作风，不但无法让一个人赢得人生，还会错失身边的许多美景，得不偿失，与幸福背道而驰。

人生就像吃饭，要慢慢吃，细细品，如果你狼吞虎咽、风卷残云，又怎能感知它的个中滋味？

"成功要趁早"是长辈们的希冀，然而没有经过沉淀和积累的期待，注定是虚假的，即使抵达也不牢固。其实，人生就是一场修炼过程，能否驾驭可期的未来，关键在于能否经受精雕细琢，反复打磨。对人的成长而言，需要一步一个脚印，看似很慢，却是行稳致远的保证。

人生短短几十年，为了活得明白，看得清楚，请不要随意按下人生的"快进键"，路就这么长，我们何不慢慢度过？

5

有这样一则寓言：一群人急匆匆地赶路，一个人突然停了下来。旁边的人问道："你怎么不走了？"停下那人一笑："走得太快，灵魂落在了后面，我要等等它。"

走过了很多路，经历了很多事，蓦然回首，才发现我们终其一生的追求，却把自己变成了一个疾行的躯壳，真的很可悲。

当你急匆匆地赶路时，必须考虑一个问题，你从哪里来？又将栖落何处？

显然，匆忙的意义不是一口气跑到终点，碌碌无为，而是守得住内心的杂念，摒弃速成企图，力争节奏不乱，知道自己的落脚点。当你守望初心时，内心坦然，灵魂充盈，感受到了幸福。

现实虽然可能很残酷，但我们也不能放弃心中的信念和希望。

慢一点，不是偷懒，也不是停滞不前。慢一点，是对生活的驻足，好让你捡起遗落的悠闲时光。

如果，忙碌不可避免，就忙里偷点闲，给疲惫的身心准备一把靠椅，想明白为何而忙碌以后，再出发也不迟。

人只有放下贪念，看淡得失，才能找到久违的幸福。爱自由的你，要敢于斩断欲望的枷锁，你可以忙里偷闲，发呆、晒太阳，也可以无所事事地享受一段闲暇时光。

人生莫慌张，也不要太匆忙，让自己慢下来，从容做事，优雅生活，回归本真，慢慢享受这辈子的幸福。

"自古人生何其乐，偷得浮生半日闲。"往后余生，愿你放慢脚步，劳逸结合，且行且珍惜，不负时光，不负梦想。

把不能变可能，
把人生变不同

1

未来很难预测，即使有"先见之明"，也未必能在千变万化的世界里，破解所有的未解之谜。未来犹未可知，未来更没有标准答案，而未来的不确定性则为人生提供了无限可能，当然这个可能并非都会奔向精彩和成功，也可能会偏离目标和初衷，与理想背道而驰。

成功令人向往，但追求的过程并非轻轻松松。如何走出人生困境，把不能变可能，把人生变不同？相信自己行，是一种态度，更是一种力量，但倘若没有一颗全力以赴的决心，恐怕一切都是空谈。

不可否认，依靠外力可锦上添花，但能成全人生的，终究还是自己。如果你对未来有许多美好期待，希望成就人生的诸多"不同"，那么，就离不开你这个主角的努力与付出。

查理·芒格有一句名言："要得到你想要的某件东西，最可靠的办法是让你自己配得上它。"把不能变可能，不仅需要一腔热情，更需要才华支撑，当你把自己历练得光芒万丈，才可能成就属于自己的辉煌。

只要你敢想敢干，敢作敢为，这个世界上就没有什么事是不可能的。

有一句很励志的话，学生时代我曾写在记事本的扉页上，印象深刻：世界上只有想不到的事，没有做不到的事。回望历史，再看看现在，你会发现确实如此。

自古以来，人类就梦想能像鸟儿一样飞天翱翔，但这仅仅限于想象，因为人没有翅膀，飞天这种脑洞大开的事只是存乎于神话传说之中。今天，我们乘坐飞机飞来飞去似乎已司空见惯，但在一百多年前却还是一个奇迹。

面对梦想，有的人只是想想而已，有的人却毫不犹豫地付诸了行动。人们凭借坚定的信念，执着的追求，以及永不言败、敢于冒险的精神把梦想插上了翅膀，从而一飞冲天。

推动人类社会发展和进步的，不正是千千万万的践行者，凭借他们的智慧，把一件件不可能的事变成了可能吗？

我们每个人都是社会发展的参与者，社会进步的贡献者。如何体现一个人的价值？显然不是只说不练，只有执着于行才能改变现状，才能把不可能变可能。

想必，你也曾对生活怀有万般期待，也设想过人生的无限可能，只是在与生活的反复较量中，被残酷的现实浇灭了激情。但我知道，你并不想认输，也不甘心平庸，你心中依然有一个梦。

时光荏苒，岁月如梭，不要总觉得来日方长，机会还多，事实上很多机会稍纵即逝，你不珍惜，它就会离你而去。"机会不是天天有，该出手时就出手"，抓住时机，才能创造佳绩，人生的一切"可能"都需要你去争取和把握。

鲁迅先生说："伟大的成绩和辛勤的劳动是成正比例的，有一分劳动就有一分收获。日积月累，从少到多，奇迹就可以创造出来。"

你想要的生活，仅凭想象绝不可能实现，努力才是成就自己的唯一方式。若你梦寐以求一个结果，就不要拖泥带水，瞻前顾后，再好的奇思妙想不去行动，永远都是一句空话，只有去做，才能圆梦。

2

人生有无限可能，但有不少人，终其一生也只是把自己过成了最普通的那一种。

人们常说要改变世界，却少有想过如何改变自己。

平庸的人总觉得努力就是费力，于是选择了躺平，一边自怨自艾，一边盼望着天上掉"馅饼"。

但其实，能让一个人改变的，往往只有自己；让自己变优秀的，也往往只有努力。

成功令人向往，精彩让人着迷，当你仰望那些功成名就的社会精英时，是否可以理直气壮地告诉自己，我也曾像他们一样努力过，拼搏过？

一个残疾人，出生时就没有手脚。按理说，他可以选择"躺平"，心安理得地等待别人照料，但他并没有放弃自己。

他和常人一样拥有梦想，21岁大学毕业就拿下会计和财务规划双学位，并创办了属于自己的公司。

他热爱生活，爱好颇多。他喜欢体育，冲浪、游泳、潜水、踢足球、玩滑板、打高尔夫，样样在行。

他在挫折中超越自己、突破自己，完成了常人无法想象的一切，他用行动彰显了自己的人生价值。

他的畅销书《人生不设限》放在各大书店显著的位置，读过的人无不深受感动。

他就是澳大利亚演讲家尼克·胡哲。在许多人眼里他就是一个传奇，显然，这个传奇是他一手缔造的。

我还清楚记得第一次在书店看到《人生不设限》这本书的情景，书封面上那个洋溢着灿烂笑容，将自信写在脸上的人，竟是一个"海豹人"。读他的故事，你看不到悲观、绝望，却能感受到他不屈服于命运的乐观与顽强。

读身残志坚的故事总让人感动，他们用鲜活的案例告诉我们：世上无难事，只怕有心人。当然，能否超越自己，成就自己，不仅要靠热情，更要靠锲而不舍的行动。不要轻易给自己的人生设限，你没有去做就不要说不可能。

倘若一个人在心底反复给自己的不作为找借口，并告诉自己"不可以"或者"我不行"，那么，他真的会把生活过得一塌糊涂。

若仰慕一座高山，就迈开脚步去探索，唯有攀登才能登顶，你若一味退缩，踌躇不前，那么，必定会错过最美的风景，徒留遗憾在心中。

生活中，有的人擅长做白日梦，明明不够努力，却不自知，整日浮想联翩，总想抄近道取胜，结果偏离了正道，走上了一条不归路。

如果说，动机不纯的追求让人得不偿失，那么，行动上的不坚定则会让人求而不得。

做事犹豫不决者很难成就大事，即使好事临门，也会与其擦肩而过。这大概源于信心不足，害怕失败，做事摇摆的个性，他们动不动就否定自己，一件事还没开始做，就想到了坏结果，思维里充斥着各种"不可能"，因担心努力白费，干脆就不去开始，不去行动。

吸引力法则里有一种神奇的心理暗示。那些经常说，"太糟了，我做不到，没有办法了"的人，多数都会被困在负能量之中，映射到生活中就会遇到很多糟心事，经历的挫折也会特别多，好运似乎都躲着他们似的；整天嚷着"没钱"的人，常会把生活过得入不敷出、狼狈不堪。相反，那些常说"没问题，我有办法，让我试试看"的人，反而过得顺风顺水，即使遇到困难，也会选择以积极的心态面对。

正如尼克·胡哲所言：真正改变人命运的，不是机遇，而是态度。

有什么样的态度，决定什么样的行动，有什么样的行动，决定什么样的人生。

一个不想输的人，可能会赢；一个相信"可能"的人，才有可能把人生变得"不同"。人生最大的遗憾就是，把可能变成不能，把可以变成放弃。态度决定一切，很多时候，当你说行的时候，问题就会迎刃而解；当你说不行的时候，最后真会一败涂地。

3

请告诉自己：人生永远没有太晚的开始，一切皆有可能。

76岁开始学习画画，80岁举办个人画展并引起轰动，她就是美国家喻户晓的摩西奶奶。她曾是一名在农场工作的农妇，退休后才把精力转移到学习画画上，她说画画是她小时候的梦想，想在有生之年完成这个梦想。

在摩西奶奶100岁时，有个年轻人写信给她，问该不该为了自己热爱的写作而辞掉外科医生的工作。她回复说："做你喜欢的事，哪怕你现在已经80岁了。"有趣的是，得到摩西奶奶的指点后，写信的这位年轻人转行并投身自己热爱的写作事业，后来成为日本享有盛名的作家，他就是大名鼎鼎的渡边淳一。

摩西奶奶经常说："只要你想做，现在就是恰当的时间，一切都不晚，对一个真正有追求的人，每个时期都是及时的。"

人因梦想而伟大，因行动而卓越，唯有行动才能让你的人生与众不同。如果说成功有秘诀，那一定是行动，只有行动，一切才皆有可能。

你若不信邪，不认输，敢于迎难而上，就一定能战胜自己，而你认定"可能"的事，往往会给你带来无限可能。

所谓幸运，实质上是一个变量，你会发现，越努力越幸运，越懒惰越倒霉。

我们相信一切皆有可能，但千万不要忘记这个"可能"是由努力创造的，没有努力注定一切都不可能。当然，把不能变可能，把人生变不同，光靠努力是不够的，必须给努力设定一个方向。

人生的精进规律一般是这样的：一件事对你很有吸引力，它是你的梦想，但是要实现它并不容易，不过你还是强烈希望"得到它"，于是你挖掘自身优势，调动积极性，想方设法，攻坚克难，终于把不可能变成了可能。

努力是通往成功的阶梯，当你克服懒惰和恐惧，步步为营，站在了人生的高处，你的眼界和格局自然会越变越大。

既然挑战不可能，你面对的就不是一件轻而易举之事，可万一实现了呢？

我们不能一意孤行，也不能盲目往前冲，凡事求稳，无可厚非。但并不意味着为了稳扎稳打就停滞不前，为了避免失败就拒绝行动，要知道，凡事皆有风险，而一点风险都不敢冒的人，注定一事无成。

但凡成功之人，皆有不惧风雨，敢于迎难而上的特质，他们不会因困境而抱怨，也不会因挫折而丧志，即便失败也会卷土重来。

凡事预则立，不预则废。挑战不可能，就不能打无准备之仗，唯有做好充足的准备，运筹帷幄，从容应对，最后才能决胜于千里之外。

一切准备的前提都是心理建设，当你迈着坚定的步伐，满怀信心而来，那么，你离超越自己就会更近一步。

千里马之所以跑得快，并不是因为它遇到了"伯乐"，而是它早已练就了一日千里的本领。不要说伯乐难求，那是因为你的锋芒不足，能力不够，一个人只有把功夫下在平时，才能在关键时刻脱颖而出。

要知道，能主宰自己命运的人不是别人，而是自己。如果你是一块金子，就不要躺在沙堆里睡大觉，透出光亮，才能惊艳所有人。

当你理解了努力的含义，你就会明白，人生永远没有太晚的开始，也永远没有什么不可能，只要你心中有梦并愿意付诸行动，一切皆有可能。

4

一个人能取得多大的成就，很大程度上是由自身的习惯决定的。习惯决定行为方式，而行为方式直接决定一个人的前途命运。

生活中总会有这样的人，看起来才华不凡，天赋异禀，却始终过不好这一生。原因就在于激情有余，理性不足；自我设限，故步自封；逃避现实，消极颓废；爱找借口，做事拖拉。

爱默生说："习惯是一个人思想与行为的领导者！"习惯可以成就一个人，同时也能毁掉一个人。

改变自己，从重塑自我开始，而重塑自我，重要的是"消灭"陋习。

陋习，也是一种习惯，只不过是一种不受待见的坏习惯。所谓"七天改变习惯"的夸大其词对多数人来说并不实用，因为那些根深蒂固的陋习十分隐匿，治标不治本，待时机成熟它还会"死灰复燃"。痛恨自己没用，旧习惯依然还在。业余选手很难超越专业选手，其原因就在于业余选手养成的不专业习惯很难改变。只要你还是原来的你，只要固有的心态和习惯没有改变，把你放在哪里都是一样的，因为你还会再一次重蹈覆辙。

一个人只有意识到陋习对自己的影响，并期待改变，再经过刻意练习，新习惯就会萌芽，并会慢慢占据我们的大脑，最后引领我们向有利于自己的方向发展。

虽然，改变会付出代价，但不改变，往往会付出更大的代价。很多时候，让人踌躇不前的并不是脚下的坎坷，而是改变的决心不够坚定，在犹豫中徘徊，不仅浪费了机会，还迷失了自我。

我相信，每个人的内心都藏着一个将自己变得更优秀的愿望，但很多时候一考虑到如何落地，便产生了许多担心、顾虑。生活中不乏一成不变者，他们缺乏自信，害怕越变越差，常常在思想上惦记，在行为上忘记，碰到困难就打退堂鼓，一遇挫折就打道回府，在看似不吃亏的背后，却给自己铺设了一生平庸的道路。还有一些人，执着于梦想，默默付出，永不服输，即便失败也会总结教训卷土重来，因为，他们知道，凡事只有往前走，才能找到自己的出路。

人之所以能，是相信能。实质上，人的一生就是一个把不能变可能的过程。从懵懂无知到羽翼渐丰，从不敢前往到勇敢地迈出第一步，当你克服恐惧，学会了翱翔的本领，才能展翅高飞，扶摇直上。

回头看看来路，当初那些让你左右为难的，甚至感到难以企及的事，随着认知能力的提升，如今再看，是不是有了更多的信心和底气？成长的代价里，一定暗藏着蜕变时的刺痛，磨难是让人改变的，而不是放弃的，当你牢记生活的教训，才不会在未来摔更大的跟头。

把可能或不可能交给时间去裁判，而不是现在就盖棺定论，因为，关于未来，一切皆有可能。

5

俗话说："三十年河东，三十年河西。"世事之所以难料，是因为人世间的一切都在时刻发生着变化。我们身处瞬息万变的时代，变的初衷是为了更好，反之，变就失去了意义。

拥抱新时代，放飞新梦想。这个时代的伟大之处在于，我们每个人都有"把不能变可能，把人生变不同"的机会，抓住一次机会，就可能彻底改变一个人的一生。当然，你想实现更多"可能"，就不能虚度年华；想成就诸多"不同"，就不能听天由命。我们追求人生理想离不开努力，更离不开大环境。

作为时代发展的见证者，我目睹了祖国的沧桑巨变，从过去的一穷二白到现在的繁荣昌盛，可以说发生了翻天覆地的变化。曾几何时，人们为温饱问题担忧不已，而如今，谈论最多的是如何减肥、健身，怎么吃得好、吃得健康。我们身处一个伟大的时代，在今非昔比的背后，我们把太多的"想不到"，太多的"不可能"变成了有目共睹的可能。

  时代的潮流奔腾向前，永不停歇，社会的发展，人的进步，都离不开奋斗二字，幸福是奋斗出来的。实现人生梦想，需乘风破浪、顺势而为，更需与时俱进、迎难而上。

  愿你扬起梦想的风帆，顺时代潮流而行，不忘初心，不负今生。于心之所向处，把不能变可能，把人生变不同。

物质要雄起，
精神要跟上

1
———

物质与精神，孰重孰轻？认知不同，答案也不尽相同。有人认为精神重要，只要内心丰盈，精神满足就可以了；有人觉得物质是生活的基础，不可或缺，当然物质重要。更多的人认为两者相辅相成，彼此成就，缺一不可。是呀！人不能只停靠在精神的港湾里自我陶醉，也不可能不吃不喝就能应对生活。

最好的生活是，物质极简，精神至盛。当然，这个"简"，不是贫穷，而是够用。生活上安居乐业，衣食无忧，同时在精神层面又能感受到心灵的满足和快乐，有获得感，同时拥有幸福感。

追寻幸福，是人之本能，为了将幸福拥入怀中，人们倾注了极大的热情。奋斗者的汗水没有白流，当下，我们的物质生活发生了翻天覆地的变化，好像该有的都有了，然而，在我们尽情享受以前想都不敢想的物质生活时，却发现幸福感并没有如约而至。

虽说物质"食粮"必不可少，但并不意味着物质温饱就等于精神温饱。因为，很多时候，真正让人幸福的并不是物质的丰富，而是来自精神世界的充实与快乐。

有的人，并没有多少钱，却把生活过得有声有色，看书阅报，养花撸猫,在从容不迫的日子里悠然自得,他的精神生活是富足的。

精神承载着一个人的灵魂,它影响到一个人所有的状态和抉择。如果,一个人不重视精神建设,精神层面是一片荒芜,那么,他的心灵世界一定是匮乏和贫瘠的。一个人的精神面貌怎样,他的现实生活也会怎样。

人之所以会迷茫,说白了,就是理想与现实不匹配,精神世界与物质世界脱了节。一个迷失了自我的人,他不仅无法守望诗和远方,甚至连自己的人生坐标和意义都找不到了。

有人认为钱是治愈一切烦恼的良药,但生活富裕了,烦恼好像并没有减少,相较于物质"极简"的年代,那时的日子虽然吃不饱,穿不暖,但生活中似乎并不缺少快乐和热闹。

"身处福中不知福",这大概是现实中不少人的真实写照。一边是日子越过越好,一边是越来越不快乐,表面的繁华却无法抚平内心的郁闷和焦躁,在追逐中迷失了自我,不知何去何从,徒增了许多无奈与困惑。

追逐物质,无可厚非,但却不能一意孤行,顾此失彼,若忽略了人文滋养和精神呵护,即使表面文章做得不错又如何?一切缺乏内涵的成功,不过是金玉其外,败絮其中罢了。

2

改革开放的春风吹遍大江南北,赶上新时代的人们率先撸起袖子加油干了起来,勤劳的人们凭借智慧和汗水,不光解决了温饱问题,还使得我们的物质生活得到了极大的改善和丰富。

温饱解决了,生活富裕了,按理说我们可以用更好的物质基础好好丰富一下我们的精神生活,使得我们的物质与精神能够"相得益彰""平分秋色"。然而,在这场"物质"与"精神"的较量中,我们似乎对"精神"的呵护力度不够，厚此薄彼，失之偏颇，最后形成了一道难以逾越的鸿沟。

生活中，有人并不认同"顾此失彼"这个概念，觉得"顾此"物质，不一定会"失彼"精神，以为满足了物质就为幸福创造了充足的条件，常常将"财务自由"和"灵魂自由"混为一谈。但其实，物质的"阔"，并不代表精神世界就一定"富"，当一个人把所有精力都用于追逐物质满足的时候，就很容易忽略对精神的滋养与呵护。

物质的重要性不言而喻，但我们却不能因物质重要就置精神于不顾，如何平衡两者的关系，是每个人都必须面对的一个课题。

人生本来就是一场平衡身心的艺术，过于执念于物，不但让人疲惫，还会过犹不及，丧失最珍贵的幸福。

如果，我们追求的风向标以物质为主流，将物质满足奉为圭臬，就会发现一个奇怪的现象，"物质的那条腿"已经迈出来了，而"精神的脚步"却迟迟没有跟上。或许，这正是一切矛盾的根源所在。

有人说我们生活在一个丰富多彩的世界，你观察一下就会发现，物质世界的确展现出了百花齐放，蒸蒸日上的大好景象；再看精神世界，人们似乎也有条件进行更多元的文化追求，然而，我们的内心并没有随着物质的丰富而丰盈，反而走向了愈加匮乏与空虚的迷途。

尽管，物质丰富能缓解一个人的后顾之忧，但并不意味着从此以后你就找到了幸福的归宿，倘若没有内心的安定与丰盈，恐怕也无法与美好的未来热情相拥。

精神高贵不一定富足，但一定不会庸俗，越是物质的时代，越是要坚定精神上的那股清流，不被名利所困，不为物欲所惑，才能屏蔽这世间的多数烦恼与祸端。

一个时代，一个人，如果没有精神基座支撑，就会风雨飘摇，岌岌可危。因为，物质的成功毕竟属于身外之物，是会消散的，而精神上的富足，才是稳定人生状态的基石。

没有物质基础，发展就会受阻，有再多的好办法、好思路也无法施展；

没有精神食粮的持续滋养，发展就会迷失方向，就会失去前进的内驱动力。

我们需要物质丰富，更需要精神支柱。物质与精神，犹鸟之双翼，相互协作，才能飞得更高更远。

3

梁漱溟先生在《这个世界会好吗？》一书中说过一段话，他说："人类面临有三大问题，顺序错不得。先要解决人和物之间的问题，接下来要解决人和人之间的问题，最后一定要解决人和自己内心之间的问题。"

人生追求的终极目标是幸福，而幸福则必须依附于和谐。人与物和谐，才能确保衣食无忧，吃喝不愁；人与人和谐，才能在人际交往中游刃有余，立于不败之地；人与内心和谐，才能随遇而安，身心愉悦。

毫无疑问，物质是保证幸福的前提，当我们解决并满足了温饱问题之后，随之而来的就是人与人之间，以及自我身心和谐等方面的问题了。特别是自我身心和谐，这是一种由内而发的心理状态，它不仅是一切情绪的外在表现，更是平衡心理健康的"精神舵手"。人与自己内心最大的问题恐怕就是"思想在左，行为在右"，若两者相互对立，成为水火不容的矛盾体，最后痛苦的一定是自己。而让身体和灵魂"相安无事"的前提就是要解决"精神层面"的问题，使自己有一个可靠的"精神领导"，如此才能把自己带进幸福的生活里。

即使再豪华的列车，如果没有"火车头"的牵引也无法前行，就像一台电脑的"软件"，虽然它深藏不露，但作用却是决定性的，更是领导性的。

一个人只有守住初心，摒弃不合理的诱惑，才能筑牢自己的底线和原则。明智的人，不囿于物，不萦于心，更不会为了一己之私出卖自己的灵魂。

也许，你心中依然保留着那份纯粹，可扑面而来的那团欲望之火总让人头脑发热，你是随波逐流为物欲开启绿灯，还是守住自己的内心不与世俗同流合污？

理想终究是理想，一旦照进现实，就不得不接受现实的无情和残酷。有时我会想，被困在鱼缸里的金鱼，看似逍遥自在，却永远也游不出那一方天地，我们是心生羡慕，还是惋惜哀叹？站在现实的立场，我们又该如何突破物质的束缚，用自己喜欢的方式过一生？一方面我们害怕落入世俗的圈套，变成一个俗人；另一方面，我们又被利益好处套牢，不能自拔。游走在崩溃的边缘，纠结、徘徊在梦想与现实之间，丧失了激情，也迷失了自我。

人为之努力的缘由是为了自由，不仅是财务自由，更是灵魂自由。当你有了取悦自己的物质条件和精神基础，才能拥有真正的洒脱与幸福。

4

所谓人生尽欢颜，不仅是一场物质的狂欢，更是一场精神的修炼。

经济条件越好，就越是离不开"头脑领导"所赋予的智慧密码。"精神力量"的反哺作用不但不会制约物质进步，相反会为物质进步提供源源不断的动力，使其在正确的道路上行稳致远。

我们必须协调好"物质"与"精神"两者之间的步伐，从容不迫，不慌不忙，才能走好人生这一程。可是，又有多少人被"物质"牵着鼻子走，依然停留在用金钱衡量成败的庸俗之中，被名缰利锁缚住了自由，痛苦不堪。

高质量的人生并非只是物质富有，当岁月褪去了浮华，一切与思想对垒的物质都会随风而去。

世界上，事关物质的繁华都难以永恒，唯有精神的强大才能让我们受用一生，它是一切行动的开路先锋，更是精神面貌的有力支撑。

大文豪鲁迅之所以弃医从文，是因为他意识到拯救一个人的灵魂远比身体更为重要。一个人由弱变强，往往是从思想觉醒开始的，认知决定出路，思路决定前途。

《个体崛起》一书中说："人和人之间的差距，真的不是金钱物质的差距，而一定是思维和格局的差距。"

最好的未来，绝不是抑制物质雄起，而是要物质跟上精神的步伐，两者相互呼应，才能更好地平衡生存与生活，乐享和谐之美。

历史上的繁华，世易时移，早已烟消云散，只留下五千年的文化源远流长。可以说，世事万物皆有尽数，唯有精神遗产永垂不朽。

终有一天你会明白，人生最值得留恋的东西，往往与物质无关，心灵上的丰盈、快乐与满足才是一个人幸福的关键。

赚钱有道，
花钱有度

1

人生有两件事尤为重要，一是赚钱，二是花钱。如果说赚钱是为了生活，那么花钱就是为了更好的生活。

我们常说，花钱容易，赚钱难，那是因为赚钱是一个不断付出、积累的过程，而花钱则简单得多，无论你有多少，想清零，只需孤注一掷便可千金散尽。

说到钱，不得不提老祖宗留下来的一句话——"君子爱财，取之有道"。此话有两层意思，第一，君子也是喜欢钱的；第二，君子赚钱是讲究原则的。"取之有道"强调的是正人君子所恪守的赚钱底线，这个底线是什么？就是合理合法合规，简单来说就是用正当手段赚钱，凭聪明才智致富，唯有如此，才能把钱赚得天经地义，把钱花得理所当然。不过，由于金钱的益处太多，以至于有的人放弃做君子，宁愿做小人，用坑蒙拐骗、丧尽天良的卑鄙手段赚钱，甚至贪污腐化、招权纳贿，最后搬起石头砸自己的脚，痛苦不堪，追悔莫及。君子爱财应取之有道，用之有益，花之有度，如果唯利是图，财迷心窍，眼中只剩下钱这一物，必然会走火入魔，惹上麻烦。

人赚钱是为了营生，但一个人活着的意义却并非全是为了金钱。我们知道，钱不是万能的，因为这个世界上很多东西是无法用钱来衡量的。比如，钱能买到图书却买不到知识；钱能买到钟表却买不到时间；钱能买到药品却买不到健康；钱能买到婚纱却买不到爱情；钱能买到房子却买不到幸福……

可以说，但凡钱能买到的东西都是待价而沽的"商品"，而"商品"的稀缺性和重要性决定价格，除此之外，这个世界上还有很多东西是无价的，无法用钱来衡量，也无法用价值交换的手段获得。

那些无法用价格标签标注的东西，才是弥足珍贵的财富。不过，当一切回归现实，我们又必须承认没有钱是万万不能的，生活中的衣食住行，柴米油盐酱醋茶，样样离不开钱，如果说赚钱是为了养家糊口，那么花钱则是保证我们衣食无忧。

人这辈子，花钱和赚钱都是为了生活，无非是求一个心安理得，开心快乐。我们一方面想赚更多的钱，另一方面又想有花不完的钞票，然而生活并非总能尽如人意，难免会有力不从心之时。你看，有人辛苦工作节衣缩食，只为温饱；而有人赚钱如囊中取物，花钱大手大脚。归根究底，一个人的赚钱能力决定了他的花钱底气。既能赚钱，又会花钱的人，无疑是幸福的，因为他同时享受到了两种快乐。

赚钱，其实不是赚"钱"本身，而是赚赖以生存的基础，赚支撑幸福的底气，更是赚人生价值的体现。可以这样说，经济不独立，生活就得受委屈。

人这辈子，到底是为了什么奋斗？说得高雅一点是为了实现人生梦想，体现人生价值，如果换一种说法，其实就是为了守住生活的基本盘。赚钱是生存之道，更是养家之道，但是我们一定要牢记"君子爱财取之有道"的古训。

2

没钱不快乐，难道有钱就一定开心吗？

事实上，钱多到一定程度就是堆砌而成的符号，真正有钱人向世界证明的并不是钱本身，而是他的影响力和价值。

《茶花女》中有一句话这样描述金钱："金钱是好仆人、坏主人。"是做金钱的主人，还是做金钱的奴隶，这反映了两种截然不同的价值观。而价值观又影响人生观，人生观又反映了一个人的理想和追求。

钱是个"好东西"，但同时也是个"坏东西"，它会让优秀的人变得更加卓越，也会让肤浅的人变得更加卑劣。

其实，过度追求财富并不划算，有的人拿出拼命三郎的劲头去改善财务状况，结果辛辛苦苦一辈子，到最后才发现人生的淘金之途没有止境，反而把自己拖进了茫茫苦海，事与愿违，得不偿失。

如何平衡赚钱的"道"与花钱的"度"呢？我的建议是，把赚钱的欲望收敛一下，因为维持一个人生活的物质条件并不需要很多，你越是急着赚钱，越可能折损身体，甚至误入歧途。

钱虽然是个"好东西"，但并不能买到幸福的全部，唯有知足才能常乐。有人这样形容金钱，金钱像是浇花的水，浇得适量，可以使花木郁郁葱葱，茁壮成长。浇得过量，就会使花木连根腐烂。

什么是适量？或许每个人内心都有一个答案。不过我相信，对于钱来说，没有人嫌其多，只有人怨其少。

人们常以成败论英雄，看一个人是不是成功，多数情况要用财富来衡量，如果他腰缠万贯，跻身富有阶层，就认定他是一个成功者。这种价值观未免俗不可耐，但对于迷恋物质享受的人来说这恰恰是他们的人生追求，我们知道只要拜金主义盛行就会扭曲人性，而"一切向钱看"的价值取向，无疑会破坏社会道德与规则。

人人都有贪念，"人为财死，鸟为食亡"就是人性贪婪的真实写照，但生活中屡屡上演的现实版"财迷心窍"案例，并没有影响人们对金钱的追求。我们有无数个理由证明钱的重要性，也有无数个理由证明没有钱的痛苦，但是我们却不能有任何理由把赚钱的"道"抛于脑后。为了实现财务自由，你完全可以用正当手段去争取，也可以凭聪明才智去谋求，这原本就是无可厚非之事。但倘若不择手段，唯利是图，突破道德和法律的底线，赚不干净的钱，只能成为社会的反面教材，为人们所不齿。

3

豪爽的人说到钱，常会说：谈钱伤感情。可是，到头来，你再看，伤感情的事还不都是因为钱。有一句话叫"亲兄弟明算账"，意思是无论多亲、多好的关系，一旦和钱有了关联，就要算清、分明，以免日后因钱伤了和气，疏远了感情。

三毛曾说："世上的喜剧不需要金钱就能产生，世上的悲剧大多和金钱脱不了关系。"正所谓：为钱痴，为钱狂，为钱不顾爹和娘。利益或金钱成了矛盾的导火索，财迷心窍，见利忘义，最后突破道德或法律底线，成为名副其实的"白眼狼"。钱一旦露出狰狞面目就会如同洪水猛兽，把亲情冲没了，把关系冲淡了，只留下一堆没有温度的铜臭。

小胜凭智，大胜靠德。和德不匹配的钱，终究来去匆匆，即便拿到，也只不过是让你暂时保管一下而已。

如果一个人没有驾驭一夜暴富的能力，那么他拥有的大量金钱不但不会给他带来幸福和安定，相反，他可能会被金钱吞噬，遭遇人生滑铁卢。所以，与认知能力不匹配的钱，即便拿到了，也未必能守得住。

唯利是图是一种人性痼疾，当一个人被利益诱惑，不顾一切向"钱"

冲的时候，极易利欲熏心，丧失理性，成为金钱的牺牲品。

有这样一个传说，很久以前，有个视财如命的地主，背着一袋金子乘船过河，谁知到了河中间突遇狂风，眼看船就要倾覆。危急之下，船夫劝他扔了金子保命，可那人死活不听，紧紧抱着金子不撒手。最后，他和那袋舍不得放下的金子一起沉入河底。

4
———

"天下熙熙，皆为利来；天下攘攘，皆为利往。"司马迁一句话便道出了人这辈子为何而奔波。古往今来的忙碌，似曾相识，皆因一个"利"字。对一般人而言，为利拼搏就得有工作，你想赚更多的钱，就需要在工作能力上下功夫，而你的工作能力，就是你的赚钱能力。

贫穷是一种饥饿状态，要想填饱肚子就得找事做。事实上，人皆有惰性，很多时候人并不乐意去工作，所以赚钱这件事看起来像是被逼无奈。当一个人只是把工作定义为赚钱，那么，他就错失了工作给他带来的乐趣。当一个人视工作为"苦差事"，那么，工作也就只剩下了煎熬和痛苦。消极的工作态度不仅不会让自己的人生顺风顺水，还会使自己陷入职业瓶颈，难有出头之日。如果工作让你感到厌倦，不如尝试热爱，转变思路，工作时全情投入，闲暇时尽情享受，以一种积极的心态应对人生挑战，把工作当作生活的一部分，你会重新发现工作的快乐和人生的价值。

找工作，薪水只是一方面，你更应该考量的是，这份工作你能学到什么，能否寄托你的未来。对年轻人来讲，找工作不要只盯着待遇这一个指标，更应该看重这个平台能不能发挥自己的优势和所长，助力自己快速成长。身处职场，你的价值就是给公司创造价值，如果你创造的价值还不及支付给你的薪水高，想必你待下去的意义就已经不大了。努力进取，赋能专业，打造个人的不可替代性，才能让自己立于不败之地。

随着社会发展的需要，新工种、新业态不断涌现，赚钱的方式可谓五花八门，有人通过打工成就梦想，有人通过创业逆袭人生。经常听到创业者抱怨，竞争激烈，生意越来越不好做了。事实上，做生意原来是能赚到钱的，只是后来做的人多了，竞争大了，赚钱就难了，但并不是没有机会。

不管是打工养家，还是创业致富，赚钱从来就没有捷径可言。哪些钱能赚，哪些钱不能赚，都写在了刑法里面。唯有赚光明正大的钱，才能高枕无忧，才能心安理得地花。

5

人在江湖漂，处处有开销。作为一个现代人，谁离得了开销？

人生有两大烦恼，要么缺爱，要么缺钱。金钱虽买不到真爱，但是，金钱却能为爱赋予更好的条件。人之所以缺钱，往往和挣得没有花得快，存得没有出得多有关，开销越多，压力越大，就越是感觉到缺钱。

如何解决缺钱这个难题呢？增加收入，减少支出。方法很简单，但做起来却极难。增加收入，意味着要付出更多，负累难免；减少支出，意味着给生活减配，不尽如人意。

若既不用去赚钱，也无须花钱，人生就容易多了。然而，这终究不是现实。现实是什么？现实是残酷的，残酷之处在于你可以不赚钱，但是你必须花钱，现实逼着你去赚钱，因为你不赚钱就没有钱花。

花钱，实质上就是享受辛勤耕耘后的馈赠，满足自己的成就感，就像你摘下一颗亲手培育的果实，品尝它带给你的美妙滋味，不管多么辛苦都值得了。

赚钱不易，花钱要量入为出。理性消费，避开消费陷阱，不该花的钱不要乱花，做到花钱有度。

　　守住自己的钱袋子，并非让你做个守财奴，而是让你树立一个理性的消费观，毕竟赚钱不易，冲动花钱看似很爽，一旦陷入金钱危机，你拿什么捍卫你的幸福？

6

　　生活的真谛无非是，花时间赚钱或者花时间花钱。人生的大部分时间不是在赚钱的路上就是在花钱的街上，与其说人生离不开赚钱和花钱，不如说我们的一生就是在赚钱和花钱中度过的。

　　人生最理想的生活状态，莫过于轻松赚钱，潇洒花钱。只是人世间根本就没有不劳而获，不必羡慕别人花钱时的潇洒和任性，你看到的只是表象，要知道，许多富翁以前都是"负翁"，唯有自强不息，笃行不怠，才能过上自己想要的生活。

　　赚钱的门道在于花钱的诀窍，不擅长花钱的人，往往也不擅长赚钱。我们讲花钱有度，不是有钱忍着不花，而是要有花钱的分寸感，该花的钱一定要花，不该花的钱能省则省。钱来之不易，花钱更要讲究效益，不要干花钱不讨好的事，把钱花在刀刃上才能体现钱的价值。

　　什么是花钱有度？就是该花不要省，不该花的不要乱花。问题来了，哪些该花，哪些不该花？这实质上是一个很私人的问题。其实，在一个人的消费习惯里，就藏着一个人的财富密码，呈现出的是一个人的智慧和思维方式。

　　假如有两个人，一个人热衷于物质享受，花钱没有规划，追求"今朝有酒今朝醉"的短暂快活；另一个人，花钱懂得节制，不追求生活的奢华，善于运用定向思维，投资自己的未来。历经岁月的验证，最后你会发现，前者的生活依然乱七八糟，一地鸡毛，忙碌似乎没有尽头，日子毫无起色；而后者，花钱武装自己的头脑，为自己播撒下了智慧的"种子"，走上了一条自我精进之路，最后美梦成真。

你要想实现财务自由，首先要学会思考致富，要知道，决定一个人贫富差距的根源在于脑子。有句话说得好，不是穷或富决定了什么样的人，而是什么样的人决定了穷或富。

如果换个角度看，花钱的本质其实就是一种投资，你可以投资自己，也可以投资别人，当然也可以投资这个社会。不过，人生最好的投资，就是先让自己增值。

一个人只有把自己变得更值钱，才能赚更多的钱。当你不断武装自己的头脑，赋能自己的实力，把自己打造成一个德才兼备的"潜力股"，才可能在赚钱的路上不那么被动和辛苦。

所谓赚钱有道，花钱有度，就是懂得赚钱的底线，不妄想，不逾越；知道花钱的边界，不偏执，不盲从。

赚钱之道亦是做人之道，唯有脚踏实地，乐于奉献，才能成就不凡，绽放精彩。往后余生，愿你的所有惊艳，皆不被钱羁绊。

欲望太拥挤，
退一步又如何

1

有一所房子，主人刚搬进去时，整洁明亮。为了生活所需，主人孜孜不息，每天都会带回来一些东西。房子对主人说："够用了，再放就满了。"主人却说："这些都是有用的，我需要。"直到有一天，房子盛满了物品，而物品摇身一变成了主人。

当然，这是一个夸张的故事，可现实中确实有这样的场景，家中物品"铺天盖地"，精挑细选的宝贝变成了束缚自由的"绊脚石"，不断侵蚀着房子的空间，弃之可惜的物品任凭灰尘覆盖，不知不觉变成了生活的负担和累赘。

琐碎虽小，若无限堆积，必然会留下一地鸡毛。家不仅是你的居住之所，更是你的气场所在。你所展示的人生画面如同你的房间，杂乱、拥挤让人心烦，而有序、整洁却会给人一种自律的观感，而自律的人往往不会把生活过得很差。

凌乱的生活习惯，往往和欲望太多有关。审视一下自己，把思想里，还有赖以生存的空间里，那些过期的、杂乱的、无用的、多余的东西，统统丢掉吧！就像手机里占用内存的垃圾，你必须定期清理，不然它就会越积越多，直到系统瘫痪。

生活中那些大大咧咧、不拘小节的人，往往对"一屋不扫，何以扫天下"这句话嗤之以鼻，认为对鸡毛蒜皮的小事计较太不划算，有这闲工夫还不如去干一些更有意义的事呢。实质上，生活邋遢的人成事概率并不高，特别不适合做管理，因为一个连自己都管不好的人又怎能管好别人呢？我们都会有如此体会，当你身处整洁的环境，无形中会让你神清气爽、思维敏捷，显然，井然有序的居住环境更舒适，也更宜居。

反之，不知取舍的人生追求，表面看是收获，其实它只会让你的生活变得混乱不堪，千头万绪，拥有的越多，浪费的时间也越多，因为你要花费精力购买，还要归纳、整理和清洁。因此，保持一个简单、有序的生活环境是从容面对人生的一剂良方。

面对诱惑，该如何控制自己的欲望呢？我有两个建议。首先，要学会克制。所谓克制就是知妥协、懂取舍，不因欲望而失控，不因贪婪而放纵。克制欲望不是为人生减配，而是给生活减负，让自己活得轻松一点，潇洒一点。尽管物品皆有用途，但生活所需并非多多益善。很多时候，想要的未必就是刚需，就像你想喝牛奶，就牵回来一头奶牛，这显然不是一件划算的买卖。其次，让自己的生活充实起来。有大把时间逛街、逛网店的人通常都是闲得慌，因为无聊，就只能用购物来打发时间了。事实上，打发闲暇时光，你完全可以选择更有意义的事情去做，比如，读书、健身。

俗话说，少欲则心静，心静则事简。去繁留简，才能看到重点，抓住所需。这个世界，简单最有效，也最明了。太多的欲望，不光会让生活偏离重点，还会无形中增加经济和心理负担。克制购物欲，摒弃占有欲，动手收拾出一个整洁的环境，有助于我们以更加专注的精力去经营人生，改善生活品质。

如果拥挤的欲望让你身心俱疲、苦恼不堪，就要想办法把它弱化，由多变少，直至回归正常。

2

叔本华曾说:"人的一生就像一个钟摆,欲望得不到满足就痛苦,欲望得到满足就无聊。人就是在痛苦和无聊之间摇摆。"

如果不去克制欲望,欲望会有满足的时候吗?从人性的角度看,比较难,因为欲望没有尽头,满足了一个,还会有下一个,层出不穷,连绵不断。

实质上,人的需求是极其有限的,比如,你的车子再多,只能一次开一辆;你的房子再多,睡觉不过一席之地;你的鞋子再多,一次只能穿一双;你的名表不少,戴多了恐怕也不好。

然而,人性有一个极大的弱点,就是不知足,而不知足往往又会催生欲望形成规模。所谓欲望,就是人性中的一种需求本能,渴望得到某种东西或达到某种效果,就其本身而言并没有善恶好坏之分。

我们知道,人类得以繁衍生息的起因正是来自欲望,欲望推动历史车轮由蒙昧走向文明,并为物质世界的蓬勃发展提供了源源不断的原始动力。可以说,正常人有正常欲望是再正常不过的事了。但是,我们一定要明白,欲望并不是头脑里温顺的宠物,因为你一旦管理不善,它就会像野兽一样张牙舞爪,露出贪婪的本性。

贪念始于欲望,当欲望在心头盘旋久了,便会滋生出贪婪。但凡贪婪的人,总会有一个利欲熏心的毛病,在对待权力、金钱、美色等方面处心积虑,贪得无厌,可以说贪婪就是滋生罪恶的温床。一旦贪婪的"种子"恣意生长,放任不管,便会扎根在人性里,大肆蔓延,屏蔽真相,使其原则尽失,以至于让人忽略贪婪以外的任何东西,最后变成了一个为利益而疯狂的人。唯有适时修剪欲望的杂枝,恪守良知与原则,与贪婪划清界限,才能让一个人明辨是非,远离祸端。

我们看这个"贪"字,上面是"今",下面是"贝","贝"就是钱,也就是说贪往往与钱有关。单单一个"贪"字便道出了人性弱点，若痴于贪念，在世俗的欲海里沉浮，将不可避免与利益发生触碰。《增广贤文》里有一句著名的古训：人为财死，鸟为食亡。对金钱的贪婪，似乎从古至今从未衰减，有人因贪返贫，有人因贪身陷囹圄，甚至搭上性命。贪婪惹的祸，始终都有欲望的影子。

关于贪婪，作家张小娴有一段话：两个人最初走在一起的时候，对方为自己做一件很小的事，我们也会感动；后来，他要做很多的事情，我们才会感动；再后来，他要付出更多更多，我们才会感动。人是多么贪婪的动物！

诚然，爱情中的贪婪原本就是这样，先是不满足，后又嫌对方付出的不够，却丝毫意识不到一段天长地久的爱情要靠双方共同经营。想想看，若是爱情的天平发生了倾斜，高高在上的那一方总有一天会摔下来，到那时，受伤害的只会是彼此的感情。我想提醒那些在爱情里享受优越感并打算把自私进行到底的人，天下没有免费的午餐，也没有无缘无故的爱，只有付出才能配得上幸福。

人一旦被欲望冲昏了头，便会做人心不足蛇吞象的蠢事。以舍为德，大舍大得，小舍小得，不舍不得，懂舍得的人才能活得轻松，过得自在。在拥挤的欲望里穿梭，各种烦扰会不请自来，如果我们只是一味追求"得到"，就极易被生活的负累压弯了腰，从而很难收获真正的开心与幸福。只有放下，只有退一步，才能拥有更广阔的天地。

当你放下不堪重负，抽身而出，或许会失去，但一定会拥有更大的舞台。

3

如何管理欲望、约束贪念，也许，六尺巷的故事会给我们带来一些启发。

"六尺巷"是安徽桐城的一处著名旅游景点，关于"六尺巷"有一个典故至今仍广为流传。相传，康熙年间，在京城做官的大学士张英收到一封家书。原来家人因建房子和邻居发生纠纷，互不相让，便写信给他希望他利用权势予以干涉。没想到官居要位的张英办了一件"糊涂事"，他没有当面驳回，而是写了一首打油诗："千里家书只为墙，让他三尺又何妨？万里长城今犹在，不见当年秦始皇。"家人看到信后，很惭愧，立即把墙后退三尺。邻居一看，深受感动，也主动后退三尺。人都有私念，特别在事关自己利益得失之时，都想把好处占尽，然而，张英并没有利用手中的权势压制对方，而是高瞻远瞩，用开阔的眼光劝说家人退一步又如何。这种看似吃亏的处事方式，却体现出了他的博大胸怀，并赢得了人们的敬仰。贪婪滋生祸端，后患无穷，而"退一步"却退出了一段佳话。

人生痛苦的根源，往往不是得到的太少，而是想要的太多。

我曾看过这样一个故事。

一个饥肠辘辘的行者带着虔诚，向老和尚请教："欲望是什么？"

老和尚微微一笑，带他来到一片苹果树林前。红彤彤的苹果满园飘香。

老和尚给行者一个布袋，告诉他苹果可以果腹，你摘一些，但必须带回寺庙才能吃。

于是，行者摘了满满一袋，背回寺庙。

行者接过老和尚递过来的三个大苹果，一顿狼吞虎咽，吃完后老和尚又递过来两个大苹果，勉强吃完。行者摸着鼓胀的肚子，满脸疑惑，并不知老和尚的用意。

老和尚开口问道："你吃饱了吗？"

行者打着饱嗝回答："已经吃饱了，我再也吃不下任何东西了。"

"那你费尽周折背回来一大袋苹果，只吃五个，是何用意？"老和尚用手指着那袋苹果问道。

一个人吃下五个大苹果已属海量，却因不知足背回一大袋，而过剩的是什么？那就是欲望，过多的欲望不是刚需，而是徒劳无益的负担。

4
———

面对层出不穷的诱惑，考验我们的除了判断力，还有定力。

人生道路上，不少人都有贪得无厌的毛病，俗话说得好："欲壑难填。"

有一个渔夫以捕鱼为生，他生性散漫，好吃懒做，天天捕鱼却收获不多。有一日，他心生一计，转而把渔网织得又密又细，心想这样岂不没了漏网之鱼，不免窃喜。果不其然，捕鱼满载而归。可是好景不长，鱼越捕越少，到后来已无鱼可捕了。本想多得，没想到，竭泽而渔，一网打尽却让他自断营生。人如果被贪心反噬，遁入邪道，总想少一点付出多一点收获，结果却是聪明反被聪明误，不得不付出更大的代价。

如果说欲望是人之本性，那么贪婪则是人性之弱点。一个人由富变穷，往往不是守不住财富，而是守不住欲望。而对贪得无厌的人，绝不可妥协，因为你一旦妥协，他便会得寸进尺，没完没了地向你伸手索取。

合理欲望催人奋进，因渴望得到，期待满足，鞭策着人们勇往直前。人追求幸福，无可厚非，但倘若追逐得过于迫切，那么，凌乱的脚步则极易将心中那团欲望之火激活，欲望之火一旦着了魔，就会被功利化奴役，进而变得不择手段。

为什么那么多人缺乏幸福感？很多时候并不是因为缺钱，而是因为欲望太多无法实现，从而带来的溃败感、失落感。现实中有太多诱惑，吸引着人们蠢蠢欲动，若是求之不得又陷入欲望的漩涡，则很难抽身而出，全身而退。让人性变复杂的，正是无休止的欲望作祟。

有的人把欲望与理想混为一谈，什么都想拥有，什么都想得到，低头再看，能力却不匹配。要命的失落感裹挟着焦虑而来，无法平静的内心把人折腾得寝食难安，在你追我赶中，迷失了自我。你是继续往欲望的那个方向簇拥，还是看清得失退一步？显然这是一个考验智慧的选择。

唯有精简自己的欲望，轻装前行，才能换来游刃有余的生活。"退一步"不是不思进取，得过且过，而是用"适可而止"换来轻松，收获快乐。

第二章

问世间
情为何物

想念父母，
就常回家看看

1

一句常回家看看，让多少人心生欢喜，又让多少人为之动容。家是漂泊在外的游子们永远也无法割舍的牵挂。

"父母在，不远游，游必有方"这句古训出自《论语》，这也是中国传统文化里所倡导的孝道。孔子说："父母年龄大了，尽量不要在外地久留。不得已外出时，必须告诉父母要去哪里，为什么去，什么时候回来。不让父母担心，妥善安排好父母。"时至今日，我们对这句话的感受，更多的是一种心酸和无奈——为了生活，为了梦想，多少人背井离乡。

对于身处城市打拼的人们来说，提到老家的父母，涌上心头更多的是思念和牵挂。有时想念他们的粗茶淡饭，有时想听他们说的家长里短，那里有熟悉的乡音，有记忆深处的青山绿水，还有梦里时常惦记的老屋。不管你身在何处，家就是那个让人魂牵梦绕的地方，渴望归家的思绪袭来，想到了遥远的距离，便将两头都盼望靠拢的心无情地隔离了。

身陷城市的快节奏之中，回家成了一件左右为难的事，什么时候回家，也许只有过年才可以回答。

春节浩浩荡荡的人口大迁徙，足以证明我们是爱家的，也是想家的，不管你乘坐何种交通工具，家都是我们的终点站。一时间，平时冷静的家乡热闹非凡，翘首以盼的父母喜笑颜开，此时的成年人像孩子般接受父母的嘘寒问暖，尽享天伦之乐。而这一切很快会随着返程烟消云散。

　　有没有一个两全其美的办法，让亲情在我们每一个人身边停留？于是，有人把父母接到城市颐养天年，这种看起来令人羡慕的生活方式，往往并不能让老人真正开心起来。生活习惯的不同，很难入乡随俗，另外，城市的人情相对淡薄，使得父母不易融入社会大家庭之中，而老人们通常都有怀旧情结，并不愿意离开家乡。凡事不可强求，父母开心最重要。若有必要也可采取折中原则，当父母愿意，接来小住几天，也可以常回家看看。

　　梦想是要有的，但亲情也需兼顾。不要总想着有一天平步青云，功成名就，风风光光荣归故里，向父母、乡亲们证明你的优秀。不要把想家的念头寄托在未来。

2

　　常回家看看，父母渐渐老去，不要让计划好的陪伴变成遗憾。

　　人都不想带着遗憾生活，更不愿带着遗憾老去。而我们能做的就是把握当下，珍惜今朝。世界上最幸福的事莫过于陪父母共享天伦之乐；最痛苦的事莫过于子欲养而亲不待。再忙也不是不回家的理由，再忙也要常打个电话，父母终将老矣！如果心中有爱，就让爱温暖彼此，让牵挂变成实实在在的幸福。

　　父母越来越老，多抽点时间陪陪他们，听听他们的唠叨，想想一家人在一起时的幸福时光，相信没有人不向往。

　　有一种孝，叫作身不由己；有一种痛，叫作一言难尽。无力的兼顾，只得化作一声叹息。

　　很多时候，并不是我们的良心坏了，而是心有余而力不足，因为自顾不暇，才让亲情回归变得遥遥无期，遗憾或许难免，但有些遗憾却成了心底的那一抹永远都无法释怀的痛。

  我出生在一个平凡的家庭，记忆中的父亲永远都是一副慈祥、温和的模样，他既勤劳、朴实，又无私、担当，与他在一起总带给我一种亲切、踏实的感觉。在记忆里，父亲从来没有告诉过我什么做人的大道理，他只是用行动潜移默化地影响着我，希望我能做一个善良、有志气、有理想的人。前不久忽闻父亲病重，疾速归家，谁知未曾告别，父亲已溘然而逝。情绪失控不禁泪如雨下，自责涌上心头，终究还是错过了该尽的孝道。那些日子，我悔恨交加，痛心不已。

  我时常在想，假如有我陪伴在父亲身旁，也许父亲就不会走得如此匆忙。可是，这世间从来就没有假设，也没有能够治愈心灵创伤的灵丹妙药。可怜我父，操劳一生，辛苦一世，长大后的自己为了工作常年在外，聚少离多，记忆里的他更是没有享过几日清福。再提父亲，已是泪流满面，无法自控，挥之不去的不舍和心痛，只会随着遗憾永留心中。父亲心梗去世后，莫名戳中泪点的事可谓不少，想到父亲总会思绪万千，悲不自胜，看到如父亲般的老人也总禁不住多看几眼。我的生命里再也没有父亲的牵肠挂肚，嘘寒问暖了，而如今，思念也只能在梦中相见。

  离开的是家，离不开的是不舍和牵挂。饮一杯相思酒，今宵多梦，带着乡愁，梦回童年。重温儿时的点滴，那些滋润心灵的幸福时光，早已化作岁月的老茧，提醒着我来自哪里，又将去往何处。

3

  父母在，人生尚有来处；父母去，人生只余归途。每每看到这句话心底就会发生一连串的触动。总以为来日方长，不承想，有时只是一个转身就是两个世界。

　　小时候向往外面的世界，最大的梦想就是到大城市看一看，闯一闯。长大后，挥手告别蜿蜒曲折的乡间小径，随着汹涌的人潮融入大城市的怀抱。多年以后，城市已与自己深度融合，而家乡却渐行渐远。在城市打拼，谁心中无梦？为了过得精彩，活得幸福，我们忙工作，忙事业，在忙碌中体验生活。然而，生存的压力又让我们顾此失彼，抓住了一头却疏忽了另一头；两手都要抓，却有心无力，左支右绌。有的人把城市当过客，赚够了钱就衣锦还乡；有的人已在他乡生根发芽，与脚下的这片土地不可分割，手里攥着辛苦打拼下来的不舍，却淡忘了那个应该常回去看看的地方。

　　随便一个忙的理由，就能打消回家的念头，如今的天伦之乐更像一个传说，日常被忙碌围绕，回家竟变成一种奢望。

　　如果生活是一个借口，那么我们就有忙不完的理由。怕只怕，我们忙了那么久，却只是瞎忙一场，最后连回家的路都遗忘在了岁月的长河之中。

　　人们总是在拥有时不知道珍惜，等失去了才后悔莫及。不管归家的路有多远，也不管有多忙，我们都应该常回家看看，父母终将老矣！

　　想想多久没有给爸妈打电话了？还记得上次回家是什么时候？我们常常对远方心向往之，却把归家的那一段变成了遥不可及的旅程，让说走就走的旅行变成说走就走的回家该多好？你对他们而言是这个世界上最重要的人，而他们对你又何尝不是？想一想，人生哪里有比守护血缘亲情更重要的事。

　　唐朝诗人王维在《九月九日忆山东兄弟》中留下了这句千古名句：独在异乡为异客，每逢佳节倍思亲。诗中所流露的是无限惆怅的思乡之情，离开了家，像断了线的风筝，很孤单，特别是每逢过节更是倍感煎熬，只怪那时路途遥远，交通不畅，不然大诗人王维早就飞回家了。而如今，我们有飞机、高铁，回家可能就是几个小时的事，不要让物理上的距离隔断了亲情与牵挂，若心中荡起思念的涟漪，那是提醒你该回家看看了。

4

常回家看看，不仅仅是一种孝道，更是一种责任和义务。

可惜的是，如今的人长风破浪志在千里，整日忙忙碌碌，不知不觉中就忽略了对父母的精神赡养。我们总是一厢情愿地认为，父母只要吃好喝好穿好就好了，却不知道父母真正想要的是什么，或许一句关心，一句问候，甚至是空手而归的陪伴，都会让他们喜上眉梢。你应该知道，父母在乎的并不是大包小包的礼物，盼你回来的理由，也许只是一句"想你了"。

中国父母的含蓄也成了我们不回家的借口，他们总是说："你们忙吧，家里没有什么事。"而我们常常信以为真，把"有事"当作回家的理由，怕只怕等我们有钱有闲，再去尽孝道，父母还会等着我们吗？不要让工作成为借口，更不要让等待变成伤害，抽点时间常回家看看吧！

归家的情愫里包裹着一颗忧愁善感的心，一不小心就会让人泪流满面，其实，哪有儿女不爱爸爸妈妈的道理，只是希望这份离别不要间隔得太久。

愿你守得住初心，记得住恩情，别让疏忽成为永远的遗憾，也别让来不及成为永远的亏欠。

至少还有你
——我的爱人

1

关于爱情，不管是梁祝化蝶比翼双飞，还是牛郎织女一年一度的七夕相见，让我们为之着迷的除了凄美浪漫，还有惊天动地、忠贞不渝的爱情观。千百年来，留下了多少爱情故事，洒落人间，感染了一代又一代红尘中人。对于爱情，相信没有人不为之心动，我们歌颂爱情，期待爱情，享受爱情。

对一个人而言，唯有一段美好的爱情，才能不负时光，不负卿，也才能修得圆满，无憾今生。爱情，不仅能润泽心灵，治愈孤独，充实生活，更能赋予一个人积极向上的力量。

我们之所以对两人世界心向往之，除了与生俱来的本能，更重要的是确保人生的完整性，给情感寻找一处名正言顺的归宿，让灵魂得以满足。

人一旦到了"谈情说爱"的年龄，自然便有了"脱单"的期待，很多时候，并非做好了恋爱或是结婚的准备，而是无法忍受父母亲友们的喋喋不休，除此之外，还有一点，就是孤孤单单一个人甚是可怜，特别是面对成双成对或是一个家庭的其乐融融时，内心油然而生的孤独感。

人之所以会结婚，不是为了避免麻烦，而是为了共同面对麻烦。毕竟，结婚后是两个人携手相伴，同舟共济，一起面对风风雨雨，彼此鼓励、助力，如此才能更加幸福。

爱情的伟大之处在于它是生命中不可或缺的情感寄托，是获取幸福的重要源泉，更是彼此认同、欣赏的一种情缘。我们追求人生幸福，离不开爱的滋润，更离不开爱的守望相助，锦上添花。

这个世界上，陪你到老的是你的爱人，相处最久的自然也是夫妻，你能想到最浪漫的事，大概就是和心爱的人相濡以沫，慢慢变老。两个相爱的人，无论富贵或贫穷、健康或疾病，坚守誓言，不离不弃，生死相依，携手相伴在爱的港湾里，想必就是这世间最美的风景吧！是啊，一段海枯石烂、忠贞不渝的爱情，不仅会留下一个朝朝暮暮长相守、珠联璧合度余生的美名，更会彼此成就，让生命更加丰盈和圆满。

遇爱不易，相知更难，希望所有相爱的人，排除干扰，表现自我，像开屏的孔雀那样展现才华，成就真爱，终成眷属。

2
———

关于爱情，年轻的时候很简单，因为喜欢就在一起了，长大后才发现，只有喜欢是不够的，还要优秀。所谓优秀，不一定是高富帅、白富美，从世俗的理解来看，外貌和物质固然重要，但不要忘记，表面的浮华和容颜都会消逝褪色，唯有精神层面的"守望相助"才能确保爱情永恒。

相互欣赏的一对夫妻，才能拥有更多的幸福。如果，彼此志不同，道不合，还经常互相伤害、拆台，这样的组合不但一事无成，还毫无幸福感可言。

关于婚姻，我曾看到过这样一段话：婚姻是彼此的情感依靠，它本身承载不了太多东西，不要老想着依靠，你想要的精彩只能靠自己成全。等有一天你真正独立了，就会发现对方给你的都是惊喜。

其实，爱情里的独立和依靠并不矛盾，独立更多是来自于心灵领域的成熟，是内在底蕴的一种表达，当然，爱情是两个人的结合体，同样也离不开两个人的形影相依。爱情通常以浪漫的方式开始，但能不能相亲相爱到地老天荒，关键要看彼此是否用心经营。影视剧所呈现的完美爱情，往往可遇不可求，现实中的爱情就存乎于柴米油盐之中，激情过后总会归于平淡。

生活的真谛，无非就是一种重复，有的人把重复过成了单调、乏味，还有的人在平淡的日子里体验到了幸福、踏实的滋味，这或许都归功于经营的差异。

爱情本应浪漫，但若经营不善就会有倍受煎熬之感，甚至会有"散伙"的风险。实质上，在爱情里营造出一点浪漫、一点惊喜并不难，只是有人会以为都老夫老妻了没那个必要，或者在生活的重压之下顾此失彼，最后选择了忽略，以至于不少人在婚后连曾经常说的"我爱你"三个字都遗忘了。当然，爱情是公平的，我们不能把幸福的"砝码"寄托于一方，要知道，一段舒心的感情是靠两个人共同经营和维护的，因此，在你声讨对方付出不够的时候，先问问自己做得如何？

人人都希望在爱情之间寻找一个平衡点，可是，爱情常常带有自私成分，你希望付出不被浪费，他希望付出必有回响。然而，爱情毕竟不是一场交易，你越是计较，越是失落；越是死磕，越是痛苦。那些口头上说着爱却在心里盘算着怎样付出一分收获一分的爱情，充其量是以爱为幌子的买卖，爱情里一旦加入了利益杂质以及斤斤计较的说辞，感情这件事恐怕就会沦为一场各怀心机的博弈。

一段带有表演性质的婚姻，充其量是一个牵强附会的组合，同床异梦，勉强凑合，能不能持久，就看演技如何。生活中有不少人，对朋友百般好，对爱人却总是不依不饶。恋爱时看到的都是美，结婚了才发现各自的问题和缺点。同时，总有人觉得结婚很是麻烦，不仅丧失了自由，还不得不为了照顾别人的感受委曲求全，违心的忍让和妥协让人倍感憋屈。于是，便得出了婚姻的这座围城没有风景的结论，并提醒后来者注意避让，以防一招不慎，满盘皆输。

为自由不要爱情的人，一定就能收获到理想中的洒脱和幸福吗？我不知道。每个人都有权力安排自己的生活，但你绝不能以"爱自由"为借口，把自由变成另一个枷锁。其实，真正的自由并不是抛却责任"自立门户"，而是主动担责，让责任为自由"保驾护航"。

自由的边界是，你不能为了你的自由去伤害别人的自由。而一段幸福的爱情，不是你管着我，我管着你，也不是言听计从，更不是一方对另一方的束缚和压迫。虽说爱情有自私属性，但一味自私，即使得到了，也会再次失去。

当一个人说自己中了爱情的毒如何痛苦时，其实，他们忽略了一种力量，就是爱情中的重塑和改造，审视自己，扬长避短，往对方喜欢的方向靠拢，同心合力，才能共赴美好的爱河。经过日积月累的磨合，你会发现夫妻之间渐渐有了趣味相投的"夫妻相"，他们心灵相倾，习惯趋同，彼此取暖，相互影响。

一份轰轰烈烈的爱情，并不是靠没完没了的吵闹来完成的，尽管针锋相对可以活跃家庭"气氛"，但却不是生活中该有的和谐篇章。当你学会了倾听、理解和包容，知道设身处地替对方着想，体谅对方的不易，感谢爱人的陪伴与付出，我相信，善解人意的你一定会收获这个世界上最美的爱情。

3
———

爱情总是如此相似：相爱容易，相处太难。而相处的不易之处在于，你给予的对方未必想要，而对方想要的你未必能够给予，这便是问题所在。

婚前花前月下，妙不可言，是因为没有"家务事的掺和"，而婚后的生活，除了柴米油盐，婆媳关系、子女教育、事业不顺都可能成为彼此矛盾的导火索。

有人说，婚姻是爱情的坟墓，一旦结婚，爱情就没有了。不管承不承认，婚后依然把生活过得浪漫如初的人并不多。结婚的本质就是一起过日子，过日子就会有磕磕绊绊，况且每个人身后都有一个"亲友团"，一旦发生了矛盾，受到组团攻击的可能性非常大。

我们经常听到，爱情有七年之痒、八年之痛之类的话，爱情过了保鲜期，便会产生审美疲劳，看对方便不再是含情脉脉、一往情深的样子了。对方的优点视若不见，偏偏对缺点不依不饶，于是各种埋怨和指责倾泻而下，矛盾一旦不可调和，结局似乎只有分道扬镳了。

有一句电影台词这样说：我们那个年代的人，对待婚姻就像冰箱，坏了就反复地修，总想着把冰箱修好。不像你们现在的年轻人，坏了就总想换掉。

如果，爱已形同陌路，选择放手也无可厚非，只是出了问题，不去修补，却总想着逃避和解脱的人，会不会重蹈覆辙？

可能是生活中的烦恼层出不穷，也可能是择偶不善留下了隐患，我发现有些老夫老妻，他们一辈子都是在无休止的争吵中度过，不像是一对鸳鸯，更像是一对冤家。

其实，即便是最好的婚姻，也可能会有多次想跟对方离婚的念头。维系婚姻的纽带是情感，只要感情有就能往前走，如果一段婚姻中的矛盾已不可调和，只剩勉强和苟且，恐怕对双方而言都是一种折磨。有时，曲终人散并不一定就是悲剧，因为有些爱到了尽头已无力回天，有些情到了末路就再也无法反转，既然感情已经破裂，长痛不如短痛，分开反而是一种解脱。

每个人都有权利追求自己的爱情，但真正的爱情属于两个人，一旦确定，就应洁身自爱，忠贞不渝。幸福的婚姻取决于两个人，而让它破裂，一个人就够。爱情本来就有自私的成分，在正常的爱情观面前，恐怕也没有人愿意与别人分享自己的爱情。不背叛是爱情的底线，也是维护彼此情感的基石，不容触碰。但凡爱情陷入怀疑和猜测，信任出了危机，动摇将是长久的，所谓基础不牢，地动山摇。任何言语也无法拯救爱情里的背叛，因为，爱情容不得欺骗，更容不得出轨的考验。

人有时总是对得不到的念念不忘，而对拥有的却不懂得珍惜，往往在失去后才知道什么叫后悔莫及。得不到的未必最好，拥有的才弥足珍贵，人唯有知足、惜福才能感知到幸福。要知道，爱情只有当它被浇灌、呵护时，才会花繁叶茂，楚楚动人。

一切美好都值得期待，可偏偏有时会事与愿违。当一段感情到了尽头，与其煎熬受罪，不如放手。我们一定要明白，一段三心二意、有始无终的爱情，对彼此的伤害和对孩子的影响都是深远的。

失败的婚姻往往与一段不理智的开始有关。恋爱是婚姻的基础，多一些了解，就会少一些伤害。只希望两个相爱的人，排除身边的干扰和噪音，认真聆听一下自己内心的声音，仔细思量，理智抉择，用耐心加以验证，当彼此接受、认同，再走进婚姻的殿堂也不迟。

其实，吵归吵，闹归闹，生活有点"小插曲"并不会掩盖幸福的主旋律。有人说，没有争吵的爱情是不完美的，通过争吵你会明白对方真正想要的是什么？你还有哪些方面做得不够好？相对于"打冷战"，争吵还能释放压力，调节情绪，适当地争吵更有利于加深彼此的了解。不过，也要注意吵架的频率和强度，如果你还爱着对方就不要无事生非、无理取闹，更不要用恶毒的言语把对方的心伤透，不然，待残局不可收拾，后悔就来不及了。

虽然，爱情不一定让你每天都感动，也不一定让你天天都有新鲜感，但在归于平淡的日子里按部就班，反而会给人一种踏实、坦荡的感觉。将生活过得现实一点，最大的好处就是你不必为追求空幻的幸福而虚掷岁月，也不必为低三下四的迎合而迷失自我。

也许，爱情没有你预设的那般好，但也不会如你想象的那般糟，人生最真实的状态，大概就是不好不坏，在好坏之间找到生活的平衡点。

4

你亲手选定的意中人，你不对她好，对谁好呢？

其实，这世间并没有所谓的完美爱情，如果有，那也是因为你接受了对方的不完美。

一份爱情若想不被辜负，就要懂得低头示弱，放下执念，与不完美的爱情握手言和，这不是屈服，而是为了避免矛盾不可调和。

不知道哪位情感高人说过这样一句话：哄着他哄你。爱人之间发生了不愉快，你要解决的不是孰是孰非，而是情绪；哄人开心考验的不是智商，而是情商。可是，这一点又有多少人能做到呢？

人这一生，想要幸福，只需做到两点，记住美好和忘掉不快。而有的人恰恰相反，常为小事计较，无理取闹，颐指气使，却将曾经的深情和美好忘得一干二净。

心中有爱的人，才能收获爱，否则，你的爱从何而来。

幸福的秘诀，就是彼此成就，没有你我很好，有了你我会更好。

真正的爱情就是邂逅红尘，你有情，他有意；萍水相逢，你动了情，她相爱相依。你中有我，我中有你，亲密无间，难舍难离，就像那碗用岁月火候熬成的粥，滋养了身心，又升华了灵魂。

在岁月的长河里漫步，最美的遇见不是风景，而是陪你看风景的人。

牵手最爱的人慢慢变老，至少还有你，我的爱人，永不分离。

谈朋友
——君子之交淡如水

1

"君子之交淡如水",这句话出自《庄子·山木》,古人交友以"淡泊名利"为原则,因为他们知道友谊一旦被名利羁绊,就不再纯洁、高尚了。这里的"淡如水"不是说朋友之间的感情淡得像白开水,而是指交往的基础不以功利为目的,而是像水一样清澈透明,不含杂质。

古往今来,不知多少文人雅士视"君子之交淡如水"为至高无上的交友之根本,甚至将此信条悬于高堂恪守不渝,以示来人。

交友本属"私人事务",他人不便干涉,但因"君子和而不同,小人同而不和"的缘由,为避免陷入"小人之交甘若醴"的利益勾结之中,我们有必要以"淡如水"的标准来要求自己,使我们对友情的态度始终保持一种高雅纯净、光明磊落、清淡如水的境界。

晚清重臣曾国藩,谈及交友可谓立场坚定、旗帜鲜明,概括起来就是"八交九不交"。八交:胜己者、盛德者、趣味者、肯吃亏者、直言者、志趣广大者、惠在当厄者、体人者。九不交:志不同者、谀人者、恩怨颠倒者、好占便宜者、全无性情者、不孝不悌者、迂腐者、落井下石者、德薄者。

从历史的经验来看,交友对人生来讲不可谓不重要。从一个人的交友原则里,便可窥其立场、觉悟,甚至能否成事的诸多要素。

大名鼎鼎的汉高祖刘邦，被称为中国历史上最成功的逆袭者。刘邦如何从一介布衣成为一国之君的呢？不是因为他能力有多强，水平有多高，而是得益于他身边那帮才高八斗的"铁哥们"。他曾直言不讳地说：计谋我不如张良，治国我不如萧何，打仗我不如韩信。我之所以能运筹帷幄，决胜千里之外，与这几个人的辅佐有莫大关系。更可贵的是他能做到"用人不疑，疑人不用"，他充分相信身边那些有才能的人，并愿意听取他们的合理化建议，凭借高人的指点和参谋，最终打下了江山。信任是对朋友最好的尊重，这一点刘邦为后人树立了榜样。

信任是朋友之间建立友谊的基石，没有信任，朋友基本上就分崩离析了。试想，如果朋友对你疑神疑鬼，你会怎样？恐怕受不了吧。信任感没有了，芥蒂就来了。朋友间有什么问题最好拿出来放到桌面上谈，不要不好意思，遮遮掩掩的结果只会搞得不欢而散。当然，人与人之间的信任需要一个过程，刚开始可能彼此都是陌生的，但随着了解的深入，发现对方符合自己的交友原则，经过时间的检验，最后由陌生变成了熟络。朋友需要信任，但也不可盲目信任，莫因交友不慎，赔了夫人又折兵。

我们想要的友谊，大概是一种抛去功利后的真诚和纯粹，是一种"出淤泥而不染"的高洁情操，不管是情趣相投，还是惺惺相惜，我们需要的只是一个简简单单的朋友。

为什么同学之间、战友之间会建立那么深厚的友谊？除了熟悉和信任以外，最为重要的一点是，那时的友谊没有利益瓜葛掺杂，一尘不染，冰清玉洁，伴随着岁月只留下"淡如水"的友情，源远流长。

人生知己难觅，如果你身边有相互欣赏且懂你的人，你要做的就是且行且珍惜，因为挚友也是人生的一笔宝贵财富。

2

人生一世，与人相交，有的人却把自己过成了"真空"，形单影只，独来独往。

曾经关系不错的朋友，为什么现在很少联系了？不是因为距离遥远，也不是因为遗忘，而是如今的追求不同了，没有了共同话题，聊什么都会觉得尴尬。志不同，道不合，不相为谋。当你有话要说却无人倾诉，憋在心里，确实是一件痛苦的事，有时还会憋出病来。

人一旦孤单，就会无助，改善症状的药方就是朋友。对于一个害怕孤单的人来说，假如没有朋友，他的内心一定充斥着空虚和焦虑。叔本华说：孤独才是人生常态。可是，又有谁愿意孤独一世呢？

有趣的是，现代人的朋友都成了网友，甚至许多人根本就未曾谋面，真正有交集的更是寥寥无几。那些在朋友圈出没并发无聊话题求赞的人，或许并不是为了广而告之某个观点，而是孤独感来袭，希望找人倾诉，刷存在感而已。有时我们会发出如此感慨，"相识满天下，知音无一人"，朋友不少却找不到一个说知心话的，这何尝不是一种悲哀？

明明不缺朋友，可还是觉得孤单，这大概就是现代人典型的交际焦虑症吧！正如伏尔泰所言：地球上挤满了密密麻麻的人群，却没有值得与之谈话的人。

当那首《当你孤单你会想起谁》的歌声响起，你会不会想念一个可以聊以安慰的朋友？孤身一人、形单影只的滋味确实不好受，为了摆脱孤独这个病，也为了面子、名利、地位，苦苦寻觅，不惜降低标准结交了一些"酒肉"朋友，喝多了大言不惭，真到用时却踪迹难寻。你把他当朋友，他却把你当成可利用的砝码，交友不慎的结局，不光伤心，还伤财。因此，交友需谨慎，宁缺毋滥，对来者不善的损友不交也罢。

朋友圈就像围城，城外的人想进来，城里的人却想告别庸俗，寻一处没有烦扰的清欢,自由自在地活着。如果孤独无力挣脱,就享受一段不被打扰的宁静吧!要知道耐得住寂寞也是一个人的优秀品格,静下心来,不管是读书,还是思考,总比费尽心思应付一帮"酒肉"朋友要好得多。

3

可以说,有人的地方就有江湖,有江湖的地方就有好人和坏人。人生最大的不幸就是好坏不分,最大的幸运就是与坏人断交。遇到冲突,千万不要做无谓的争辩和纠缠,你要做的就是尽快离开他们。

正所谓,日久见人心,路遥知马力。朋友只有历经岁月考验才能称之为朋友,而那些"不够朋友"的人,终究因"格格不入""水火不容"而断了线。朋友间的矛盾,往往源于利益纠葛,若经过了一件事,看清了对方的本质,志不同道不合,不如早一点为自己止损,如此才能避免进一步的伤害。

常言道,多个朋友多条路。可是,一旦交友的诉求变了质,我们还有理由相信友情吗?的确,信任可能存在被伤害的风险,但倘若不信任,恐怕只能孤孤单单地活着了,因为信任是友谊之基石,你不相信别人,别人也不会相信你。实质上,这个世界并非如你想象的那般不堪,秉持"君子之交淡如水"信念的并非只有你我,你要做的只需敞开心扉,说一声:欢迎你,朋友。

人需要情感交流,而朋友就是你可以诉说和倾听的最好对象。真正的好朋友不需要物质基础铺垫、维护,也不需要时常牵肠挂肚,只需相互欣赏即可。彼此之间有相似的人生观,有接近的价值观,不管是推心置腹,还是彻夜长谈,话说了一箩筐也不嫌多,不说话也能感知对方的观点,这就够了。

著名作家林语堂先生曾说，人的一生中得有几个后台朋友。他眼中的朋友需要有几个特点，不必化妆，不必穿戏服，不必做事情，不必端架子，可以说真话，可以说泄气话，可以说没出息话。

倘若身边有几个不造作，不复杂，真诚且又纯粹的朋友，你一定要珍惜。

我们每个人都有交友诉求，开心时有人分享，失意时有人鼓励，孤单时有一个能唤来小聚的人。真正的朋友不是出于礼仪问你过得怎么样，而是知道你想要什么的人，你若不如意，他会想方设法帮助你；你若说好，他便会默默地为你送上祝福。

真正的朋友，就是为你雪中送炭，带给你温暖的人；真正的朋友，就是在你跌落谷底，也一定会把你拉上去的人；真正的朋友，并不是在一起就有聊不完的话题，而是在一起，就算不说话也不会感到尴尬的人；真正的朋友，就是你无意伤害了他，他一定会不计前嫌的人。

真正的朋友之所以可以永恒，是因为能经得起时间的考验，更能经得起风雨的洗礼。朋友就是，他在时你并不觉得他有多重要，但他有一天真的离开了这个世界，你会伤心难过，久久难以忘怀。

4

梁秋实说："君子之交淡如水，因为淡所以才能不腻，所以才能持久。"

在熙熙攘攘的城市穿梭，朋友很多，却发现知音难觅。如果我们无力改变其他人，就从做好自己开始吧！付诸努力让自己变得更优秀、更强大，你若遇见了更好的自己，同样也会遇见更好的朋友。

与人交往，重在"礼尚往来"，在往来中要"有所得，有所获"，如此才能体现互惠性的原则。我记得小时候，爷爷就常对我说，做人要懂得感恩和回报，别人敬你一尺，你要还人家一丈，不能让别人吃亏了。

友谊的本质,首先是"利他",你付出了真情,他付出了实意,最后才能结出"互利共赢"的累累硕果。人生最大的幸事,想必就是与一帮志趣相投的朋友欢聚一堂,谈笑风生,开怀畅饮。

永和九年三月的一天,王羲之随同家人邀请一众名流好友在会稽山阴的兰亭,组织了一场颇具规模的风雅集会。青山绿水之间景色宜人,微风拂面,美景如画。大家喝着酒,聊着天,做着游戏,吟着诗。单是想想那个场面都会令人无比向往吧!现代人生活丰富,却丧失了这样的闲情雅致,不得不说是一件憾事。美好的时光总是如此短暂,一天的活动即将结束,在众人的提议下由微醺的王羲之为赋诗作序,就这样在行云流水、矫若惊龙之间,天下第一行书《兰亭集序》横空出世。据记载,第二天清醒后的王羲之看到所写书序多有涂抹之处,颇为不爽,再次提笔书写《兰亭集序》,可无论如何也写不出之前的意境了。由此可见,一个人之所以能成就非凡,与所处的环境、状态,最重要的一点,与一帮志趣相投者的推动息息相关。好山好水好朋友,加上由此带来的好心情,成就了中国书法史上的一次巅峰之作,也成就了一代书圣王羲之。

说起诗坛双璧,我最喜欢的二人莫过于诗仙李白和诗圣杜甫,他们第一次见面就"邂逅相逢意已倾"。他们所倾慕的可不是对方的长相,而是惺惺相惜彼此的才华。作为同道中人,两人以诗会友的那段历史,永远定格在了诗坛并被传为一段佳话。

所以说交友像打铁,先要自身硬,你若鹤立鸡群,才华出众,就不愁引不来金凤凰。

5

有的人性格外向豪爽,见面就叫朋友;有的人内心封闭,许多年过去了你也走不到他的心中；有的人看起来高冷，但内在却是一副热心肠；有的人善用热情伪装，实则小肚鸡肠。有时朋友多了路好走，有时交友不慎，一个损友便把你的美好前途葬送。

损友易得，益友难求。益友稀缺且宝贵，他不仅是你的精神知音和生活参谋，更是助力成功和幸福的推手。

与智者同行，他会让你见识倍增；与高手相伴，他会带你登上巅峰。

萧伯纳说："如果你有一个苹果，我有一个苹果，彼此交换，我们每个人仍然只有一个苹果；如果你有一种思想，我有一种思想，彼此交换，我们每个人就有了两种思想，甚至多于两种思想。"可见，朋友之间的交流与切磋，并不会让你失去什么，相反，高质量的沟通和分享是一种互惠、共赢。

朋友之间的交流是必不可少的，而知己更是心照不宣，无话不说。人们经常用一见钟情来形容爱情，其实朋友之间也会产生"一见钟情"。一个人既高雅、多才，又风趣幽默，举手投足之间是你喜欢的类型，一开口说话，便有"听君一席话胜读十年书"的感觉，难道你不想与这样的人成为朋友吗？

人往高处走，水往低处流。与优秀的人同行，你会越来越优秀；与平庸者在一起，你会越来越平庸。对于多数人来说，实现人生进阶的最好方式就是向高手看齐，向厉害的人取经，融入他们的生活，成为他们的朋友。但前提是，要先让自己有光芒。

俗话说，物以类聚，人以群分。你与什么样的人为伍，就会走什么样的路，成为什么样的人。一个人的层次如何，只需看他的朋友圈即可。你交了三个朋友是牌友，他们一定会拉你入局；无法自拔的瘾君子，常常也是圈里圈外的哥们；你的朋友喜欢运动，他可能会把你带进赛场；你的好友酷爱书法，大概你也会临池学书。所谓近朱者赤，近墨者黑。你的朋友是什么样的人，你可能也是什么样的人，免不了受其影响。因此，人的一生选择什么样的朋友太重要了。在牌友喊你打牌，酒友催你干杯的时候，只有那些靠谱的朋友才会带你一起成长和进步。

在人的一生中，人际关系不仅决定了家庭幸福，而且还关系到了事业成败。良好的人际关系，相互滋养，彼此成就，让人身心愉悦，其乐融融；不良的人际关系，引发猜测，影响情绪，令人心无所依，四处碰壁。

虽然，你无法左右一个人，但你可以选择以什么样的态度接纳一个人。你若投之以桃，想必别人也会报之以李。以笑脸相迎的人，自然人见人爱；若以冷眼相待，岂不遭人厌烦。

只不过人无完人，金无足赤。我们喜欢完美无缺，但也要接受白玉微瑕，若待人过于苛刻，追求十全十美，恐怕用尽一生也难得一知己。看到他人光芒四射，我们应该抱着谦虚和欣赏，而不是鄙夷和嫉妒；而对于朋友身上的缺点，我们最好用宽容和大度去理解，而不是吹毛求疵、斤斤计较。

当然，生活中也不乏清高之人，他们孤芳自赏，自命不凡，秉持严苛的交友原则，结果被夹在了理想与现实之间，孤独求败，却也过得并不快乐。

水至清则无鱼。交友秉持原则，无可厚非，但过于死板，墨守成规，则会"人至察则无徒"。

在人际交往中，我们要学会理解和包容，宽以待人，严于律己，善于发现他人身上的闪光点，多一些认同，少一些猜忌，铭记对你真心的帮助，忘却那些无心的伤害，当你以真情待人，就一定能收获最真挚的友谊。

做人应以"水德"为师，海纳百川，厚德载物，既能放低姿态流向低处，又能屈伸自如奔腾向前。它顺其自然，与世无争，却承载了万物，也成就了万物。

三毛说：朋友中的极品，便如好茶，淡而不涩，清香但不扑鼻，缓缓飘来，似水长流。茶如人性，不同的茶，泡出不同的口味，而不同的水却决定了茶之优劣，平淡是它的本色，清香是它的馈赠。

最好的友情恰如"君子之交淡如水"，出于自然，又归于自然，淡雅相宜，惬意非凡。

人这辈子，若能幸得三两挚友，足矣！

当有了孩子以后

1

人生是循环往复历程。很久以前，我们都是孩子，在光阴的故事里茁壮成长，终有一天，我们变成了大人，然后结婚又有了自己的孩子。

每每提及孩子，父母心中总会涌动出最澎湃的深情，在这份沉甸甸的感情里，蕴含着这世间最真挚的感动。

在人类的诸多关系中，最为亲密的关系，无疑就是亲子关系，一句"我们的孩子"让家庭关系更牢固，呵护孩子的幸福成为父母最大的共识。

孩子就是父母甘于用生命保护，甘于燃烧自己、奉献自己全部的人。父母对孩子的爱有多深？恐怕任何语言都无法准确描述，也许，只有等到自己为人父母以后才能体验和领悟。为什么父母看孩子的眼神里尽是万般宠爱？因为这种爱是这个世界上最无私的奉献，它无止境、无边界，深厚无边，不论你长多大，在父母的心中，你永远都是他们"手心里的宝"。

人在不同的人生阶段饰演不同的角色，不是为人子女，就是为人父母，特别是角色一旦切换为父母，你就能真切地体会到养儿育女的不易。自从有了孩子，我对"养儿方知父母恩"这句话又增添了几分感触，天地间的父母到底为孩子倾注了多少心血和爱，恐怕很难用一个数字来加以衡量和计算，因为，这种血浓于水的爱是无价的，不求回报的，也是最伟大的。

家庭之累，多半是在有了孩子以后。两人世界是爱情的最好阶段，吃喝玩乐，好不悠哉，可是随着孩子呱呱坠地，似乎一切都变了。家里弥漫着幸福的味道和哭闹，一家老小围着孩子转，生活的目标都是为了孩子更好。全身心地投入使新手爸爸妈妈疲惫不堪，不论是身体上的劳累，还是思想上的憔悴，都会让我们明白为人父母真是不容易呀！自私者会把孩子看作是负担和麻烦，一种让人不自由的羁绊，要知道，既然你选择了孩子，你就有养育他、培养他的责任和义务。你会发现，在这个可爱的小生命面前，所有的付出都是值得的，而让孩子健康、快乐地成长就是父母的毕生所求。

2

作为父母，最大的成功，就是孩子的成功。孩子是爱情的结晶，也是父母共同创造的最伟大作品，如何把孩子培养得更加优秀，是摆在每位父母面前的一个终极使命。中国式父母有一种普遍期待，那就是望子成龙，望女成凤，希望子女健康成长，扶摇直上，成为国之栋梁。

只是，当千篇一律的教育模式被复制，当优秀不断趋于同质化的时候，我们是该为之庆幸，还是该为之悲哀？不论是千军万马过独木桥，还是明争暗斗共处一个赛道，最终都走向了一个死结，那就是内卷严重，压力山大。"揠苗助长"式的教育看似成效显著，高强度的教育主张，也让孩子看起来个个都成了人中龙凤，可是，当一个时代的孩子因无差别教育而变得越来越大同小异时，会不会对孩子的个性化塑造和多元化培养造成干扰？

多数家长心里都有一个执念，那就是孩子的学习，整日都在琢磨如何让自家孩子所向披靡，而各种各样的补习班简直就是为家长的焦虑而生，为了不输在起跑线上，为了孩子的美好前程，家长随波逐流于各种各样的"天才培训营"。家长累，孩子更累。父母为了成就孩子不辞辛苦，孩子为了成绩马不停蹄，在急于求成的背后，是你追我赶的恶性循环，最后，孩子的快乐童年被书山题海所淹没，取而代之的是紧张、焦虑和高度近视。

孩子不是为学习而生的"机器人"，更不是支撑父母面子的"牺牲品"，望子"成龙""成凤"的心情可以理解，但绝不能操之过急，更不能强加于人。人生不是短短一小段距离，而是长路漫漫的马拉松，并没有证据表明先行必然先达，因为人生拼的不是起点而是过程。一切颠覆成长规律的教育都是弊大于利，得不偿失。因为，成长有其节奏，它是一个循序渐进的过程，而童年正值人生扎根好时节，我们又何必去做揠苗助长的傻事呢！

当然，孩子的未来离不开教育，我们也不能不重视教育，如果说教育的一半在学校，那另一半就在家庭，正所谓父母是孩子最好的老师。

3

父母应成为孩子的偶像，而不是讨厌的对象。如何才能成为孩子的偶像呢？显然不是你躺在床上玩手机，偏偏要求孩子老老实实做作业；也不是父母因琐事争吵，却毫不在意孩子的感受；更不是你心情不佳，随意对孩子进行"敲打"。所有的爱恨都不会无缘无故，它体现在你的言行举止是否让孩子心悦诚服，你的爱心呵护是否让孩子感受到了安全和幸福。

假如，你不幸成为孩子讨厌的对象，我劝你审视一下自己，是否做了令孩子厌烦或不快的事。若你爱的方式不对，伤害到了孩子，就先道个歉吧！不要为了尊严和面子死不承认，居高临下的压迫式教育，只会让你与孩子之间的代沟不断扩大，以至于随着时间蔓延，最后造成教育失败。我想，这绝不是父母希望看到的结果。

教育离不开言传身教，更离不开有效引导。在成长的道路上，孩子一定会有走错路、办错事的时候，发现了问题，家长要及时出手扶一下，拉一把，使孩子不至于走上歧路，但也要避免过度干涉。我们有些父母受制于传统思想的影响，为了树权威、立规矩，常常自以为是，要求孩子必须这样，必须那样，一旦不合心意，轻则训斥，重则打骂。每每看到父母歇斯底里地对孩子进行"言传身教"，我就不由得想到孩子崩溃的内心。父母发泄完了，孩子还在惊恐之中。用一句网络语形容：吓死宝宝了。而我们的家长善用此法，动不动就吹胡子瞪眼，在吓唬中长大的孩子，长大后也就没有胆气了。孩子最缺乏的不是关爱，而是尊重。一个被剥夺了"权利"的孩子，就像破土而出的嫩芽，以呵护为名却被踩在了脚下，如何才能长成参天大树？

有些父母极具控制欲，把孩子当作自己的私人财产，束缚在自己狭隘的思想之内，妄想通过简单、粗暴的教育方式，把孩子变成自己想象中的"完美人"。更有甚者，以"棍棒底下出孝子"的理念为家教方针，对孩子施以家暴式教育，轻则责骂，重则棍棒伺候，看着伤痕累累的孩子还会说都是对你好之类的话。许多父母惩罚孩子，毫无底线可言，常以心情好坏来决定，孩子糊里糊涂就挨了一顿打，莫名其妙，倍感委屈。多年以后，孩子的心理阴影无法消散，带着恐惧离你越来越远，你们成了最熟悉的陌生人，而你却因"爱得太狠"收获了一个悔恨交加的余生。

大人犯错了，不用打骂就能改，为什么孩子不能？有人说孩子缺乏自制力不打不行，打一顿是为了让他长记性，避免重蹈覆辙，可是打骂真的能让孩子不再犯错了吗？我也碰到过这样的家长，儿子做了错事刚挨了一顿打，不一会儿同样的错误又犯了，到底打还是不打呢？

生活的不易让人心力交瘁，而孩子"糟糕"的表现更是让人莫名发火。一个喜欢乱发脾气的父母，很容易培养出一个脾气差的孩子。教育这件事说到底还是方法的问题，若施以打骂就能达成心愿，那么教育就变成这个世界上最简单的事情了。当然，我并不是说孩子犯错了让你坐视不管，也不是让你娇惯或纵容，该"修理"就得"修理"，但是，我要提醒你注意"修理"的方式方法，想想看你教育孩子的目的是什么，显然，你付出了一切都是为了给孩子托起一个更好的明天，而不是在孩子心中播下一颗痛恨的种子。

人非圣贤，孰能无过。孩子在成长阶段犯错在所难免，你拥有教育义务，却没有打骂的权利。成长的代价就是一个不断试错的过程，既然试错就难免会有弄巧成拙之时，在这个过程中我们需要的是耐心和宽容，而不是打击和讽刺。一个从未犯过错的孩子反而会让人更担心，因为，这是不正常的。

关于教育，你必须明白一件事，爱和溺爱是两个概念，混淆不得。教育之所以会失败，往往与该管的不管，而不该管的偏去管有关。

最好的教育是引导而不是灌输，你只要树立一个好的榜样，孩子便会有模有样地学以致用。生活中的你就是孩子的一面镜子，孩子身上的优点或缺点，在你身上或多或少都会存在。古人讲，有其父必有其子。如果，你希望孩子未来可期，你就要以身作则。

在教育子女这件事上，父母不能置身事外，更不能依赖别人，做甩手掌柜。如果说孩子的学习是为了成长和成才，那么家长的学习则是为了如何更好地同孩子相处。父母是孩子的第一任老师，你的言行举止无一不影响着孩子，你希望孩子优秀，就先让自己优秀起来吧！

4

奥地利著名心理学家阿德勒说："幸福的人用童年治愈一生，不幸的人用一生治愈童年。"

尽管，童年是人生的懵懂阶段，许多事朦朦胧胧，似懂非懂，但就幸福的感受而言，最美好的人生体验多数都来自童年。一个人的性格，几乎就是由童年的无数个喜怒哀乐累积而成，所延伸出的个性与情感，甚至幸与不幸都和原生家庭有关，可以说，家庭就是塑造一个人成就的摇篮。

家庭可能是一个人幸福的温床，也可能是羁绊一个人成长的牢房。两个人在不同的家庭，一个关系稳定，其乐融融；另一个兵荒马乱，鸡犬不宁，从中走出来的可能就是两种截然不同的人生。

家庭是一个孩子最值得信赖的港湾，而不是一个水深火热的地方。每一个父母都要演好自己的角色，你不仅是孩子最好的老师，还应该是孩子最好的朋友；你不仅要做孩子成长的守望者，还要做孩子幸福的建设者。

你要做一个情绪稳定的成年人，与孩子的沟通，一定要遵循"人格平等"这条底线，孩子不是你的出气筒，更不是你随意修理的对象。典型的粗暴式教育，如若压迫太甚，总有一天孩子会反抗。爱本身就是一种耐心，急不得。实质上，淘气是所有孩子的天性，你要做的不是把这种天性使劲按下去，而是告诉孩子"有所为，有所不为"的道理，凡事都有边界，不能为所欲为。只要你循循善诱，多提醒，少批评，我相信你的孩子总有一天会明白你的良苦用心。

《左传》里有一句话："爱子，教之以义方。"意思是说爱自己的孩子，就应该用道义去引导他。讲道理，首先考验的就是父母的耐心，不要总是那么急不可耐、气急败坏，你急孩子也急，要知道，一切情绪失控的沟通都是无效沟通。如果你真心为孩子好，就要放下高高在上的姿态，尊重孩子，多倾听孩子的心声，为孩子搭建一个和谐的家庭氛围。

千万不要动不动就训斥、责怪孩子，明代学者吕坤在其《呻吟语》中就曾提出过"七不责"：①对众不责：在众人面前不要责备孩子，要维护孩子的尊严；②愧悔不责：孩子认识到过失，并感到惭愧，就不要再加以责备了；③暮夜不责：为了孩子有一个健康睡眠，睡觉前不要责备孩子；④饮食不责：孩子吃饭时不要责备，以免肠胃受损；⑤欢庆不责：孩子特别开心的时候不易责备，莫使喜怒交织；⑥悲忧不责：孩子在悲伤痛苦的时候就不要火上浇油了；⑦疾病不责：孩子生病期间需多加关爱，不宜责备。

人人都渴望得到赞美和欣赏，孩子更是如此，"你做得很棒""我相信，你一定可以的"，言语赞赏不仅让孩子心情愉悦，更能赋予孩子创造好成绩的能量。千万不要说，"你这个笨蛋""你是怎么学的，这都不会"，这样的话犹如一颗威力十足的"炸弹",对孩子的伤害是深远的,也是不可逆的。孩子会以为"父母都觉得我不行,那我可能真的是不行",小小年纪就自我标签化了,泯灭掉的不仅是孩子的上进心,更是未来的无限可能。另外,我们也不要轻易打击或嘲笑孩子的"奇思妙想",也许,在孩子天马行空的想象里,隐藏着一个一鸣惊人的奇迹,等待着他去发掘与探索。

你期待孩子什么样,他就会变成什么样。父母对孩子要多鼓励、多支持,即使成绩不尽如人意,也万万不可对孩子进行人身攻击,因为,有些伤害可能就是孩子一辈子的阴影。作为最了解孩子的人,父母要善于发现孩子的优点和潜能,取其长补其短,把孩子培养成为一个有益于社会的人,而不是把一颗冉冉升起的未来之星毁掉。

父母是孩子的第一任老师,老师合格不合格,事关孩子的未来。教育是每一个父母都必须掌握的一门功课,这门课上好了,孩子的一生都将受益无穷。

5

全天下的父母,有一颗共同的心,那就是爱子心切,说到自己的孩子,似乎总有一颗永远也操不完的心。孩子小的时候,总盼望着他们快快长大,当孩子长大了,却又时常怀念曾经依偎在你身旁时的幸福,但人的成长是自然规律,没有谁可以阻拦,而长大后的孩子也意味着离你越来越远。失落或许在所难免,但孩子本应有一个更广阔的天地舞台,翅膀硬了就任他们自由飞翔吧!

费孝通教授说:"在父母眼中,孩子常是自我的一部分,子女是他理想自我再来一次的机会。"父母要学会尊重孩子的选择,千万不可为了自己的喜好刻意剥夺孩子的选择权,你的理想还是由你亲自完成比较好,而孩子自有他们的一番天地。

讲道理是所有父母都喜欢做的事，他们总是毫无保留地将所知倾囊而授，生怕孩子将来走错路。父母之所以喜欢喋喋不休，大概是患了一种操心过度的毛病，明明孩子已经长大，可在心里依然把他们当成"小孩子"。人最怕被视为无知，而父母们则善用居高临下的做派谆谆教导，结果把关心变成了唠叨，孩子听多了，难免会不胜其烦。

其实，与孩子的相处之道，并无放之四海而皆准的诀窍，你要做的，只需拿出自律的标尺，以爱的名义陪孩子一程，心安理得，问心无愧就好。

6

岁月的推手周而复始，催着人不断成长、成熟，直至衰老，而你的孩子同样也延续着这样的规律，生生不息。

每一个生命都是父母的荣耀，而我们的幸运就是与父母和儿女有缘一场。

既然，今生有缘与孩子相遇，你要做的唯有珍惜，用你的爱给孩子搭建一个幸福的港湾，享受与孩子共处时的温暖和感动，珍惜彼此之间留下的点点滴滴。

当你拉开时光的序幕，映入眼帘的不仅有美好的回忆，还有爱的传承和延续。

如果，把时间的刻度定格在童年，孩子需要的是呵护与陪伴；如果，把时间的刻度拨到青年，孩子崇尚自由，渴望爱情；如果，时间的刻度过了中年，你的孩子大概也有了孩子，而你又喜欢上了他的孩子。

孩子的成长，伴随着父母的苍老，这是规律，也是必然。

有时你以为孩子离不开你，其实是你离不开孩子而已。既然，孩子已经长大，父母就要学会及时放手，不要让不舍变成孩子的绊脚石，成长的这条路，父母不可能为孩子提供一辈子的庇护，未来的路终究需要孩子自己来走。

如果，孩子羽翼渐丰，就任他展翅高飞，去寻找属于自己的天空吧！

将心底的牵挂化作祝愿，祝孩子平安、快乐、幸福。

第三章

忙碌时代
的明白人

尽力而为，
还是全力以赴

1

成功并非来自偶然，它需要依赖许多条件，比如天赋、机遇、经验、环境，等等，这些条件皆具备一定的助推力，但倘若缺乏全力以赴的决心，恐怕一切都是枉然。

成功到底取决于尽力而为还是全力以赴？两者看似接近，实则不同。尽力而为作为一种努力状态，中规中矩，一般也能触及目标，但不至于大放异彩，名列前茅；全力以赴则只为实现梦想而来，不犹豫、不徘徊，拼尽全力，带着势如破竹的气魄，志在必得。

如果说尽力而为是想赢，那么全力以赴就是要赢。

有一则童话故事：猎人带着猎狗去打猎，猎人一枪击中了兔子的后腿，没有打中要害的兔子撒腿就跑，猎狗在后面紧追不舍。不一会，猎狗垂头丧气地回到猎人身边，无功而返。

猎人生气地说："你连一只受伤的兔子都追不上，真是没用。"猎狗听后，委屈地说："我已经尽力了呀，它跑得实在太快了。"

兔子带着伤，跟跟跄跄地跌倒在自家门前，同伴围了上来："你负伤了，还被凶残的猎狗追赶，你是怎么逃回来的？"兔子喘着粗气说："猎狗是为夸奖而追，我是为生命而跑。它抓不到我，顶多挨一顿骂，我要被它抓到，就没有命了呀！"

这个故事的结局是：尽力而为的猎狗白跑一趟，而全力以赴的兔子不仅保住了性命，并且还赢得了同伴的尊重。

成功取决于全力以赴的例子比比皆是，无论是决定胜负的关键之处，还是求学、就业、比赛，优胜者必定是全力以赴者，因为机会和资源就那么多，你不拼尽全力怎会有获胜的良机？

动物纪录片里经常会有这样的画面：狮子追逐猎物，看似手到擒来，但其实并非易如反掌，必须全力追击才能填饱肚子。动物的生存法则既简单又实用，那就是全力以赴。可见，在弱肉强食的动物世界里，全力以赴不仅是生存的手段，更是强大的前提。

物竞天择、适者生存是达尔文提出的进化论，放到现实社会同样适用，所以你会看到强者往往占据主动，拥有更多机会，而弱者处境不利，经常被动或者出局。

虽然，全力以赴不一定能保证成功，但至少可以让成功的机会倍增。当我们抱着必胜的信念，全力以赴去做一件事，就会把所有的精力聚焦起来，就会把内在的潜能激发出来。俗话说，没有退路，才会有出路。你看各行各业的优胜者，他们无一不是用行动践行着全力以赴，只有认准目标，坚定信念，火力全开，才能占据主动，赢得人生。

成功是奋斗出来的，这个奋斗显然不是尽力就好，若没有全力以赴的努力，又怎能与美好的未来不期而遇？改变命运的通道只有一条，那就是全力以赴。当你拼尽全力，你才能遇见更好的自己。

2

全力以赴是一种自信，更是一种态度，显然，积极主动才能赢得人生。

内心强大的人从不会把自己的命运交给别人，因为路在自己脚下，只有全力以赴，才有机会走出迷途，才能让自己的人生更加精彩。

对于未来而言，无法预知的因素很多，若你打算追求某个理想结果，唯一能做的就是全力以赴。在竞争激烈的今天，做事犹豫不决、拖泥带水的人，终究无法在人生角逐中胜出。如果你有一个伟大的梦，并希望自己的人生大放异彩，那就拿出全力以赴的姿态去追吧！

古人讲：尽人事，听天由命。如果说尽力而为可以完成使命，那么全力以赴一定会创造奇迹。好运气往往会青睐、眷顾那些全力以赴的人，只要你敢于亮剑，不轻言放弃，付诸足够多的努力，最终一定会收获一个最美好的结局。

努力不一定有收获，但全力以赴的努力，注定不会白费。

竞技比赛，实质上就是一种以优胜劣汰为原则的运动，面对那么多竞争者，考验的不仅是实力，更重要的是全力以赴的拼搏精神。体育赛事的精彩之处，不仅仅是最后的胜负结果，比赛过程中队员们拼尽全力和永不言弃的精神才是比赛的看点。让我们引以为豪的中国女排，曾多次蝉联世界冠军，她们不畏强敌、顽强拼搏的意志品质被誉为"女排精神"。这种精神不仅适合赛场，也适合于各行各业。

一个做事全力以赴的人和一个苟且保守的人之间的差别，可以说是天壤之别。这个世界上的大部分平庸者，可能终其一生都没有理解拼搏的含义。他们凡事喜欢"留一手"，不求最好也不求最坏，害怕失败，更害怕挑战自己，甚至一辈子都不知道自己的能力极限在哪里。因此你会看到，同样是努力，有的人平步青云、笑傲江湖，有的人忙忙碌碌，却依然过不好自己的一生。

不要说自己不够幸运，那是因为你不曾全力以赴过；不要说人生没有奇迹，那是因为你没有拼尽全力。

当然，全力以赴并不是孤注一掷的冲动，也不是自不量力的冒险，而是心无旁骛、拼尽全力追逐梦想的人生态度。

你若追求卓越，全力以赴是唯一出路。

混日子，就是混人生

1

网络上曾流行过一句话：间歇性踌躇满志，长期性混吃等死。混日子是一种典型的自我沉沦，可以说这种现象无处不在，以至于不少人在幡然醒悟后才发现，得过且过的人生态度不光辜负了青春，更是荒废了生命。

混日子的人，往往都有这样的特质：高不成低不就，整日浑浑噩噩如同梦游，没有激情，没有目标，没有抱负，缺乏前进动力，长期处于一个撑不死也饿不着的状态，最后在循环往复中毁掉了自己的一生。

混日子是一种消极状态，凡事应付，不主动，不珍惜，不重视，并且中间还夹杂着随意和任性，能玩则玩，能睡则睡，决不勉强自己，今日有酒今日醉，苟且在当下，不问未来。

混日子简直就是一个人无能的代名词，常常心血来潮去做某件事，遇上一丁点困难便不了了之。他们也有梦想，也想混出一番模样，但又怕努力白费，于是便给自己的懒惰找了一个混下去的理由，心安理得起来。如此颓废的态度，即便是一个才华横溢的人，也会因得过且过而自废武功。

有一句话说，出来混，终究都是要还的。那些被你"打发"的时光，看似潇洒、惬意，实质上并非岁月如此静好，只是回马枪没有杀到而已。谁都知道混日子舒服，只是舒服了一时却无法舒服一辈子。你荒废的那些时光，最终都会用遗憾的方式给你痛苦。

2

尼采说："每一个不曾起舞的日子，都是对生命的辜负。"

生命的意义在于"运动"，唯有"动起来"，才能成就自己，才能让人生绽放出不一样的光彩。就像那只想要蝶变的毛毛虫，如果它害怕痛苦，把自己封闭起来，就会错失"破茧"良机，永远也无法脱胎换骨，重获新生。

生命的篇章，一旦拉开序幕，就是一段一去不复返的旅程，而载我们前行的这趟列车，终究会驶向生命的终点站。

所有生命都有谢幕离场的那一天，既然登上人生的舞台，就没有理由不演好自己的角色，而对自己最好的肯定就是这辈子没有白活一场。如果，你想做那颗最闪亮的星，先要把自己磨练得光芒四射。当你足够优秀，在你登场时才能听到掌声和喝彩。

混日子不会有未来，所有成就都需要努力来换。不要说人生不够精彩，那是因为你虚掷了太多宝贵时间。

将日子混着过的人，都有一个毛病——"拖延症"。凡事喜欢缓一缓、拖一拖，殊不知，你如今面临的一切问题，也许都与以往的"拖"与"混"有关。如果不迷途知返，做出改变，你的所有痛苦还会在未来的日子里不断重复，而你的生活也将每况愈下，越变越差。

我们常说花时间，如果时间是一笔钱，你会发现花着花着就没有了。只是钱没有了还可以再赚，而时间一旦用尽，人生就是曲终人散。

可以说，时间就是人世间最公平的资源，不管伟大或平凡，我们每个人的一天都拥有相同的时间，然而，决定人生价值的并不是时间的长度，而是时间的宽度和厚度，而宽度和厚度的不同则决定了人生的精彩程度。

所谓精彩人生，绝不是虚掷岁月碌碌无为，也不是稀里糊涂得过且过，你所期待的一切美好都是用不曾辜负的光阴换来的。

3

作家木心，有句话触动了许多人的心弦：岁月不饶人，我亦未曾饶过岁月。

一个人只有珍惜岁月，不虚度时光，才能给人生留下美好的烙印。

钟表的滴答声时刻提醒着我们，人生短暂，时间一分一秒地接踵而至，不会为谁而停留，而流逝的终将不会再重来。

用经济学的观点来看，时间就是一笔宝贵的财富。平庸者是很难体会到"时间很值钱"这个概念的，他们往往没有太多的钱，但是却有大把时间。再看成功者，他们最想做的事不是借钱，而是借时间，恨不得把时间掰成两半，用一辈子过别人两辈子的生活，精彩翻倍。时间是免费的，同时又是无价的，透过时间管理就可以看出一个人的人生状态。有人会说，我也想把生活过成不一样的烟火，也想过既体面又能体现人生价值的生活，只是我没有那个条件和资源。我想告诉你的是，拿时间去创造。只要你愿意，你的所有人生短板都可以用时间来弥补。余生很贵，应付不得。要知道，你若辜负了岁月，岁月也会毫不留情地辜负你。

人生不主动就会很被动，而混日子便是一种极其被动的活法。因为，把日子混着过的人，注定混不出一个好结果。

上学时，只为混及格，拿到文凭就好；工作了，只要不被炒鱿鱼，拿到工资就好。蒙混过关的人善用滥竽充数，喜欢玩"小聪明"，只是混得了一时，混不了一世，总有一天别人会认清你的真面目，其结果无非是你与升迁无缘，与胜出无望。不过日子混久了，总会滋生出心灰意冷，因为工作了那么久你还在原地踏步，今朝的自己和曾经的自己并没有什么两样，兜兜转转还在老地方，前途依然渺茫，甚至不进则退，越混越差。

明知时间宝贵，为什么那么多人还热衷于混呢？大概与苟且偷生有关。不想努力，不想付出，只想躺平。凡事喜欢将就的人，也许短期看不出什么差距，只是时间久了，别人就会跑到你的前面。如果你依然我行我素，就不要怪这个社会太残酷。

舒服是有代价的，就像那只跳进温水里的青蛙，悠哉游哉，好景不长，当感受到了痛苦，再想跳出去时，却发现为时已晚。

许多事经过生活的鞭打才会明白，荒废的岁月不仅错过了美好，还会留下心痛，最后以某种遗憾的方式把人唤醒，在"早知今日，何必当初"的叹息声中如梦初醒，然而，"混掉"的岁月又怎能挽回呢！

尽管混日子也是过日子，但是这样的日子是无趣的，也是乏味的。其实，混日子的人也想过好日子，但源于贪玩、怕累的个性，不务正业，游手好闲，在仰望梦想时，发现难以企及，于是便偷偷地告诉自己，何必为难自己呢，不如享受当下好了。

混日子的人自认为看透了人间得失，与世无争，实质上这完全是一种另类的掩耳盗铃，混到最后，才发现自己的人生黯然失色，惨不忍睹。

4

混日子是一种对命运的妥协，更是一种对人生不负责任的态度。

决定人生精彩程度的，往往不是起点，而是过程，显然这个过程靠的不是混，也不是消极、颓废，只有振作起来，拿出一往无前的勇气，坚定目标，付诸行动，才能改写自己的人生。

如果你想混着过日子，先要看看自己口袋里的本钱，能不能保证混下去。对多数人而言，你若混日子，那么日子就会让你混得很惨。青春并非挥霍不尽，在该奋斗的年纪选择安逸，只会让你陷入难以自拔的泥潭。因为，日子好混，人生可不好混呀！

曾经混过的日子，偷过的懒，还有不经意之间的放弃，最后都会汇成一道道无解的难题，让人手忙脚乱，一筹莫展。社会是残酷的，抱怨无济于事，只有当你足够优秀和强大，才能从容应对这世间的风风雨雨。

一个人有了生活的底气，才能活得扬眉吐气。当然，这个底气不是混出来的，也不是别人给予的，而是自己内在实力的体现，是干出来的。

我们在时间隧道里穿梭，最早是混沌的，而后渐渐清晰起来。人的成长也是这样。经过岁月的鞭打我们才能长大，其实，人生就是一个历练的过程，我们必须在该奋斗的年纪打起精神，做好准备，在轮到自己登场时才不至于慌了心神，乱了阵脚。

我知道，你也曾仰望星空，对生活满怀期待，可到最后却被冰冷的现实打败。现实没有你想象的那么完美，但也没有你想象的那么不堪。千万不要因理想没有实现就破罐子破摔，你的意见可以保留，但该奋斗还得奋斗，要知道，证明自己的最好方式是成就自己，而不是用混的方式让自己成为生活的反面教材。

美好时光本应珍惜，若是白白浪费岂不可惜！实质上，人生除去童年和老年，能为之奋斗的时间非常短暂。如果你做事心不在焉，把时间都浪费在了无关紧要的事项上，任凭岁月匆匆流走，那么，最终留给你的一定是无尽的悔恨和遗憾。

我常说为了梦想而追随我心，甚至冒一些风险都是值得的。人生所面对的，其实就是一场充满悬念的挑战。现实中的暗礁无处不在，既然你心中有向往的山河，就勇敢地去突破，去探索，当你将前进中的"雷"悉数排除，才能抵达理想的彼岸。

生活的真相，从来就不是岁月静好，而是在负重前行中，不忘初心，保持人间清醒。

5

这个世界上，谁也无法改变自然规律，随着岁月流逝，年岁渐长，以及角色的转变，你会发现这漫漫人生路，看似漫长，其实就是弹指一挥间而已。

昨天的好坏与否，就让它随风去吧！你要想不负众望，就不能浪费时间，把精力放在有价值的事情上，主动出击，持续努力，时间终究不会辜负你。人生最要紧的事就是把握当下，珍惜今朝，用拼搏为自己的人生增色，当你拥有了闪亮登场的资本，才能续写一首属于自己的人生赞歌。

人最大的悲哀，莫过于人生垂暮才明白时间的重要性，碌碌无为一辈子，最后是时间决定了输赢，其实结局早已注定，因为人生的真谛就藏在平常的日子里，你怎样待它，它就会怎样对你。

不管做什么，都要记住这几句话：第一，好成绩是奋斗出来的，而不是混出来的。凡事付出才会有回报，不要妄想不劳而获，只有躬耕不辍，才能收获累累硕果。第二，先给自己充值，再让自己升值。一个人能否成就不凡，重在能力，能力到位了，成功也是水到渠成的事。第三，人生的高度，是攀上去的。一切歪门邪道都是走不通的，成功靠的是一步步的积累和沉淀，唯有脚踏实地，笃行不怠，才能高瞻远瞩，快人一步。第四，告别拖延，马上行动。想得再多，说得再好，若不去行动，那么一切都等于零。

为什么我这么努力，生活还是不尽如人意？如果，你看似很努力，实则眼高手低磨洋工，想要改变自己，就要告别无效努力。

所谓高效努力，其实就是以目标为导向，合理利用时间不内耗，并在有限的时间内将所要创造的效能最大化，从而达到事半功倍的效果。所有高效能人士都是管理时间的高手，他们深谙自律之道，总能把时间用到要紧之处，因此，他们在竞争中往往能脱颖而出，超凡脱俗。

人生须惜时，但我并不赞同把日子过得过于匆忙；日子混不得，但也急不得。那些日夜颠倒、废寝忘食的拼命一族，成为赚钱机器的人生想必也没什么快乐可言。工作时，理应履职尽责，不得马虎和敷衍，而在工作之余，我们也不要忘记享受努力之后的馈赠。工作不是生活的全部，你有权力安排自己的闲暇时光，比如陪最爱的人看看外面的世界，尽情享受与家人在一起的美好，或做一些其他自己喜欢的事。

高品质的生活，不是看你花了多少钱去摆阔，而是看你花了多少时间和精力去经营自己的人生。善于经营自己的人，总会在"家务事"和工作之间找到平衡点，凡事分清轻重缓急，把主要的精力倾注到重要的事情上，而不是贪大求全，追求面面俱到，或者通过挤压时间来敷衍了事。

人生的所有成全，都有爱的影子。你爱岁月如初，岁月就不会负你所望。只要你愿意花时间雕琢时光，我想时光就一定会给你留下最美好的人生体验。

成功难复制，
经验可模仿

1

"成功可以复制"，这句话被许多人视为成功的捷径，引得不少人跃跃欲试，打算"复制"一个成功，好让自己捷足先登。

"成功可以复制"这个命题大概是告诉大家，只要走成功者所走的路，就可以与他们一样成功了。此理论陡然让成功这件事变得容易起来，毕竟，掌握复制和粘贴这个本领在理论上并不难。如果这是一条可靠的方法论，恐怕人人都可以成为成功者，进而把成功的事业推而广之，遍地开花。

当年我也天真地认为，成功很容易，通过复制就可以，只是后来经历的事情多了，才发现"复制成功"本身并不靠谱，因为你走别人的路，顶多是一个跟随者，你怎么可能成为别人呢？

千人千面，每个人都是不同的个体，把赌注押在复制上，就如同别人中了大奖，便妄想着幸运也会光顾你一样，结果只能是空欢喜一场。

一个人证明自己的最好方式无疑是"成功"二字，渴望成功也是大众的普遍诉求，然而过于急功近利，用"复制"炮制成功的方法，显然不符合成事的规律，因为，"抄近道"本身就是一种短视行为，越是急切想要得到的东西，越是"欲速则不达"。

为什么说成功难以复制呢？因为，每个人都是这个世界上独一无二的个体，所走的路千差万别，经历、阅历、资历也各不相同，通过简单复制就直抵"成功之门"的说辞，本身就是一种纸上谈兵。成功这件事，说到底不是加工产品的流水线，只要经过规范化程序便会生产出一模一样的产品，成功是一个人通过不断修炼、积累所呈现出来的一种结果，是一个人综合能力的体现，通过"复制成功"而压缩步骤达成心愿并一蹴而就的可能性非常小。

成功没有定式，更没有一步登天的速成秘籍，通过夸大其词，或者依靠复制、粘贴、克隆，成就自己，超越别人并不现实。因此，我觉得与其花费时间和精力复制别人的成功之路，不如抛弃得不到的躁动，静下心来，努力提升自己，在自身的竞争力上下功夫，而不是一意孤行，全搬照抄所谓的"成功秘籍"。

在成就自己的道路上，一切简单、粗暴的复制行为，往往并不奏效，也很难达到尽如人意的目的，若执念太深，甚至会适得其反，掩盖本属于自己的锋芒和优点。

2

人世间的许多事，不能复制，不能粘贴，只能用你自己的脚步去体验，去丈量，去收获。

成功可以复制无疑是一个伪命题，因为助一个人成功的"参照物"不是恒定的，而是千变万化的，昨天的"天时地利人和"放到今天可能早已不复存在了，因此，谈"复制成功"这件事，恐怕时间和空间都不允许。

当然，也不要听说成功难以复制，就两耳不闻窗外事，闭门造车，以求有朝一日一鸣惊人，琢磨出一个"人无我有"的伟大创造。如果你有实力，完全可以去尝试，只是对于多数人来说，模仿是实现创造力的第一步，也是尽早实现自身价值和竞争力的基础。就如同建一座高楼大厦，不同的是外观，相同的是"拔地而起"，而不同建筑之间又有很多经验可以比葫芦画瓢。

当你回过头看成功者的心路历程，会发现他们所从事的职业可能千差万别，但其精神品格方面却是惊人地相似，比如专注于人生经营、出色的个人技能、善于管理、人格魅力、不轻言放弃等。

一个人要想成就不凡，学习别人的"经验之谈"十分必要，通过模仿和借鉴，取人所长，补己之短，如此才能少走弯路。

万科创始人王石先生是我很敬佩的企业家，敬佩的原因不只是他把企业做得很大，更重要的是他身上透出来的那股精神。让我印象最为深刻的是生于1951年的王石，曾攀登了十一座世界级高峰，并且两次成功登顶珠峰。他追求卓越，永不服输，用行动不断地刷新着自己的人生高度。

作为后来者，我们通过学习并模仿成功者的意志品格来提升自己，完善自己，使自己有机会站在智者的肩膀上看世界，从而达到开阔视野，提高境界，把自己变得更优秀之目的。

3
———

成功虽然难以复制，但经验却可以借鉴和模仿。

没有模仿就没有成长，模仿是一种行之有效的学习方式。模仿行为是人类的一种本能，从蹒跚学步到牙牙学语，从耳濡目染到有一学一，可以说，人的一生都离不开模仿，我们正是在不断的模仿中成长和成熟起来的。当然，一切模仿都应是积极的，对提升和完善自己是有益的，如果你模仿错了对象，那么对你的成长不但无益，相反还可能是一种伤害。

模仿不但可以让一个人快速成长，更是缩短与领先者之间差距的有效手段。

QQ作为一款家喻户晓的软件曾长期占据社交聊天的头把交椅，粉丝数以亿计。如果追溯腾讯的发展史你会发现，QQ早期就是模仿一款叫作ICQ的即时通讯软件，后来之所以获得如此大的成功，完全是因为不断创新、优化、改进的结果。如果说，腾讯初始的成功得益于模仿，那么助力腾讯做大变强的绝不是一味地模仿，在模仿中进行卓有成效的创新才是弯道超车的关键要素。马化腾曾就模仿一事做过一番直言不讳的解释，他说："你可以理解成是学习，是一种吸收，是一种取长补短的方法，况且模仿中也有创新。"

成功学里有一个著名的逻辑，叫"模仿成功者就能成功"。不可否认，高效模仿能使一个人或一个公司快速成长、壮大，甚至超越被模仿者。因为，我们模仿成功者，主要是对"闪光点"进行模仿，其实质是"取其精华，去其糟粕"，在汲取经验教训的同时还可以有效规避风险，对智者而言，何乐而不为呢！对一个成长型公司来说，找准模仿对象至关重要。你要有明确的战略定位，拥有革新和改良的能力，在此前提下，还要经过市场的检验和重塑，当你拥有并具备战胜"师傅"的实力，才能在市场竞争中立于不败之地。

模仿成功经验的做法在国际上十分常见，比如，日本和韩国的汽车工业，当初都是从引入、模仿开始，经过一系列创新，才发展壮大起来的。现实中的模仿，无处不在。历史的发展，社会的进步，同样也离不开模仿。因为我们难以推倒"曾经"从头再来，也难以颠覆历史从零起步，面对久经考验的经验和智慧，我们有什么理由不去继承和发扬呢？当然，模仿不是造假和照搬，务必在遵纪守法的前提下，绝不可采用抄袭和剽窃等不道德手段，否则可能会引火上身，官司上门，最后得不偿失。

4

　　模仿是一种"跟随策略"，就像冬季里的雪天行车，在有车辙的路段要循车辙行驶一样，跟随是为了避免风险，增加安全系数。"跟随策略"看似保守，实则是一种理智与冷静，是一种明智之举。

　　经常看F1的朋友会发现一个现象，同级别选手在直行路段通常是难以超车的，经验丰富的赛车手往往会选择紧随其后，咬住对手不放，在看似危险的弯道找准时机一举超越。"弯道超车"是来自赛车运动中的一个常见术语，意思是利用弯道超越对手，采取的策略是先跟随再超越。如今，这个概念被赋予了更多内涵，特别在经济领域，市场上充斥着大量大同小异的产品，竞争日趋激烈，如何在竞争中占据主动，实现"弯道超车"是多数企业重视的发展策略。现实中，"弯道超车"不仅需要艺高人胆大的"车技"，更需要信念上的坚定与清醒，而如何抓住契机，敢于出击则是取胜的关键。所谓机会，并不是天天有，机会往往稍纵即逝，来去匆匆。你没有抓住，或者抓住了没有珍惜，那么在这场较量中你很可能就会被动或出局。

　　在瞬息万变的市场浪潮之中，常常会有这样的个人或公司，似乎一夜之间就做到了家喻户晓，究其原因大概是沉淀了许久，抓住一次风口便"逆风飞扬"。成功者的高明之处在于，他们善于捕捉机会，懂得推陈出新，着力于关键之处，而不是只模仿其皮毛，对成功的深层逻辑一概不知。

　　如果你想成为学霸，就模仿学霸的学习方法；如果你想成为书法家，就免不了临摹名家；如果你想成为老板，就借鉴老板的成功之道。所谓强将手下无弱兵，你想战无不胜，就要向优秀者靠拢，向厉害的人取经，当你汲取到了榜样的力量，就会迸发出"四两拨千斤"的功效，这无疑对实现人生高效进阶大有益处。

　　作家鲍德温说："孩子永远不会乖乖听大人的话，但他们一定会模仿大人。"

榜样，如同一场润物细无声的春雨，我们心甘情愿被浇灌，因为它带给我们的是滋润、感动和成长。在企业经营、家庭教育中，高手往往善于模仿并知道如何借鉴榜样的力量，高效精进，开辟属于自己的能量磁场，继而对他人施以潜移默化的影响，从而达到融洽企业文化、人际交流、家庭氛围等目的。

我们看竞技比赛，优秀的选手都会反复研究竞争对手的比赛录像，以获取"经验值"，发现差距并从中找到对手的"软肋"。因为他们知道赛场的制胜法则：知己知彼，百战不殆。在商业领域，模仿和借鉴别人的成功经验已成为一种经营共识，但能否在跟随中找到竞争对手的破绽，实现"弯道超车"，则完全取决于自己。也许，跟随策略并不能让你马上超越，但只要你愿意"十年磨一剑"，在跟随中总结经验，积累能量，寻求突破，那么，你就有可能出奇制胜，后来居上。

5

难以复制的是成功，可以借鉴的是经验。成功的路径，一定有章可循，但绝不是生搬硬套地复制和粘贴。

为了避免陷入"此路不通"的死胡同，也为了不负韶华，从容而行，请不要盲目复制别人的成功，更不要道听途说一意孤行。一切急于求成的复制，都是一场徒劳的追随，是不会开花结果的。

人与人之间的不同，决定了你不可能成为别人，而别人也不可能成为另外一个你。不过，通过有意为之的模仿，你却可以成为像别人一样的人。模仿，其实就是一种高效的学习方式，模仿对了对象，就能助人快速地成长。

成功的彼岸，往往不是一条近在咫尺的直线，你想跨越，就必须依靠

"经验之谈"。当你找到了适合自己的方法论，便可整装待发，放手一搏了。你要相信，在先行者的足迹里，一定有经验可循、可参、可鉴。

但愿，每一个追梦人都能在模仿中收获灵感，在经验中得到幸运，然后在现实里绽放属于自己的精彩。

痴迷游戏，
就是游戏人生

1

爱玩是人的天性，如果仅仅在闲暇之余玩游戏，打发无聊时光，抑或把玩游戏当作生活中的"调味品"，偶尔放松一下，这原本是件无可厚非的事。然而，我们不能忽略一个事实，在游戏的诱惑下，游戏者极易乐不思蜀、痴迷其中，从而影响学业、贻误事业，使得人生因"玩意太浓"而损失惨重。

如今，痴迷网络游戏而滋生出来的诸多社会问题正日益被社会各界所关注，特别是网瘾少年的出现更是令家长和老师担忧不已。网瘾，主要是指长时间沉迷于网络游戏之中，对其他事项缺乏兴趣，因过度依赖使得身心受到影响的一种症状。

世界卫生组织发布的新版《国际疾病分类》中，将玩游戏上瘾与合成毒品、酒精、烟草等列入成瘾行列。可见，游戏上瘾已经成为一种新型疾病，此病不发作与正常人无异，一旦发作，不玩则坐卧不安、难受异常，离不开、断不掉是判定网络成瘾症的关键。

为什么游戏有如此强大的吸引力，又为何能轻而易举地瓦解一个人的自制力？原因就在于有趣和好玩，而这正是游戏提供者处心积虑设计的结果。由于游戏抓住了人们的心智，极大地满足了人们的探索欲和成就感，使得人们常常在不知不觉之中就深陷其中，越玩越上瘾。

我们知道，网瘾的症状是无法自控，其表现是难舍难分。玩家们"离不开"游戏的原因，除了游戏本身的有趣和好玩以外，也与游戏者所追求的"争强好胜"有关。但凡痴迷游戏者皆有求胜心理，总想在游戏中证明自己，战胜别人，以满足自己的虚荣心和炫耀欲，以此来弥补成长中的烦恼和不如意，而如何成为虚拟世界里的强者，似乎也顺理成章地成为玩家们为之"奋斗"的理由。人生难免会遭遇挫折和不幸，你所付出的许多努力，很多时候并不会看到立竿见影的成效，现实的残酷无情总会让人滋生逃避念头，而在游戏的江湖里，你的所作所为似乎都符合某种预期和规律，甚至你只要花了时间和精力就会得到相应的奖励和回报。

从心理层面上讲，人更愿意追求近在咫尺的快乐。当你独步于游戏的江湖，仿佛你便是芸芸众生中的主角，那流于表面的美好体验更是让人乐此不疲，忘乎所以。此外，不少人出于对人生现状的不满和失望，转而投向游戏的怀抱，寻求在游戏中建立信任和合作关系，因为，相对于复杂而又多变的现实人生，虚拟世界则简单得多。

不可否认，游戏确实好玩、有趣，但它绝不是我们人生的主旋律，充其量它只是我们精彩人生中的一个娱乐分支而已。

2

如今，生活已被快节奏裹挟，为了释放压力，为了放松自己，玩游戏已经成为一种习惯。这种习惯的好坏与否并不能以个人的喜好来判断，只要不影响学习、工作和生活，闲暇之余玩玩游戏给紧绷的神经放一会儿假，并非不务正业。但怕就怕，习惯成自然，把玩游戏变成一种离不开也戒不掉的生活方式，深陷其中，难以自拔。

实质上，并不是游戏的诱惑力太强，而是你抵御诱惑的能力太弱。一个做不到自律的人，不仅游戏会让你沦陷，其他事情你同样也做不好，因为，仅凭你散漫的人生态度，就难以胜任一份举足轻重的工作。

精彩人生不是玩出来的，可面对游戏的诱惑，对于自制力稍弱的人来说，很难克制自己不去想，不去玩。不少人都有这样的体会：课堂上昏昏欲睡，玩起游戏就兴奋异常；工作疲惫不堪，打开游戏就斗志昂扬。当一个人陶醉在虚幻世界不能自拔时，就会发现，退出原来是一件更痛苦的事。

如果说，小玩怡情，那么，大玩一定伤身。不要轻信商家宣传的"挑战大脑，越玩越聪明"这样的话，痴迷游戏除了精神萎靡不振之外，视力也会变得越来越差。依我来看，痴迷游戏者，看似"痴"的是游戏，实则"迷"的是自己，弊大于利，它不仅浪费青春，损害健康，对于未来而言，更是一种得不偿失的赌注。

我曾看过这样一幅漫画，两个青年人以相同的姿势侧卧在床，不同的是，其中一个是瘾君子，他陶醉于鸦片；另一个是当代青年，他痴迷于游戏。在游戏世界里如痴如醉的模样，是不是像极了"精神鸦片"上瘾？如此画面不免让人忧虑。我不反对游戏，但反对诱导青少年上瘾，商家不能因有利可图，就让青少年付出成长的代价。"少年强则国强"，若青少年普遍沉迷于游戏，那么，对国家会有好处吗？

成年人玩起游戏来更会毫无顾虑，想玩就玩，加上有充值资本，一旦开启游戏模式便是日夜兼程，不玩个痛快决不罢休。痴迷游戏者常常会呈现如此画面：眼睛聚焦在一片亮光之前，脑子飞速旋转，在不同场景之间切换，时而念念有词，时而嬉笑怒骂，我行我素，旁若无人。久而久之，游戏者便患上了一种眼花缭乱、头昏脑涨的毛病，形容憔悴，无精打采，甚至还会诱发猝死的风险。这不是危言耸听，而是时有发生。另外，由于痴迷游戏，影响工作，使得事业受阻的情况更是比比皆是。同时游戏还让人际关系变得疏远、淡薄，以至于家人、朋友见面都无话可说，因为大家都在低头玩游戏。

玩游戏本无可厚非，但玩过了头，上了瘾就一定有坏处，那如何做到有节制地玩游戏呢？第一，要意识到痴迷游戏所带来的危害。人的精力有限，若一个人耗费大量时间玩游戏，势必会影响学业或事业。第二，树立目标。当一个人有了目标，并把日常安排得满满当当时，他就无暇游戏并会渐渐淡化游戏在心目中的位置。第三，发展爱好。为什么那么多人把玩游戏当成爱好呢？原因在于，除了玩游戏以外，他们并无其他爱好。对于一个兴趣广泛，爱好众多的人说，在这个精彩的世界里比玩游戏更有趣的事情还有很多，何必只抱着游戏不放呢！第四，改变环境。环境对一个人有着潜移默化的影响，如果你周围的朋友都是"游戏瘾君子"，我建议你和他们保持距离，你想把学习和工作搞好，就应该向更优秀的人学习，而不是向游戏玩家看齐。

相对于粗暴干涉，我更倾向于据理说服，让孩子明白痴迷游戏的得失利弊。一定要相信孩子，最好给孩子提供一个缓冲期，让孩子好好想想，同时给予孩子更多的关心和鼓励。作为家长，千万不能放任孩子随波逐流，也不能因忙碌就忽略孩子的管教和培养，我们应负起监护人的责任和义务，在孩子迷失的时候，更需要你的关心和爱，多陪陪孩子，伸手将孩子拉出网瘾的泥潭，使其"改邪归正"，回归生活。

3

透过妙趣横生的表面，游戏无非是一种消遣娱乐方式，本质上它是让人快乐的，而不是痛苦的。

有人说，玩游戏是因为无聊，是这样吗？打发无聊的项目那么多，你为何偏偏喜欢玩游戏？也许，你所谓的喜欢，只不过是为了逃避现实而已。虽然，虚拟世界里有现实无法比拟的神奇，但不要忘记，你的现实理想无法在虚拟的空间里落地。

如果你无聊到只能玩游戏，那么，玩游戏就会给你带来更多无聊的回忆。不能让无聊的说辞成为深陷其中的理由，也不能让"闲得慌"成为你放不下的借口。作为网瘾者，只有意识到问题才能解决问题。

人生不是一场儿戏，更不是一场游戏。游戏人生的活法，看似随性洒脱，实则轻狂草率。一切对生活不认真的做派都是不负责任的，而宝贵的青春年华一旦耗尽，恐怕也只能换来一声叹息和万般无奈。痴迷游戏，不但让你身心俱疲，还会让你的未来十分狼狈。你毁掉的不是今天，而是整个未来。

手机是助理，
但不是伴侣

1

不知从何时起，人们热衷于在手机这个方寸亮光之间指指点点、寻寻觅觅，渴望从中获取资讯，发现商机，增添快乐，维护社交。

人们在尽享手机便利的同时，又被手机的魅力所折服，不知不觉之中，它便成了现代人身边不可或缺的"助理"。随着"亲密"程度的不断升级，手机最后摇身一变成了工作与生活中不可替代的"伴侣"，走到哪里带到哪里，朝夕相处，形影不离。

有人说，现在年轻人每天耗费在手机上的时间超过3小时，对照一下自己，恐怕这只是一个保守数字。只要观察一下周围就会发现，人们对手机的挚爱程度，俨然已与生活融为一体，寸步不离，难舍难分。

不可否认，手机的发明，特别是智能手机的普及，为人们的生活带来了极大便利。我们知道，最早的手机不过是一个简单的通信工具，随着科技迭代更新，如今的手机早已成为个人的掌上终端，像一台随身携带的电脑，我们可以随时随地通过手机实现网上购物、视频聊天、游戏娱乐、便捷支付、浏览新闻、交通导航、查询资料等。对现代人而言，与时代接轨的重要标志就是能否玩转智能手机，会使用智能手机显然已成为生活中的一项必备技能。

在手机的帮助下，路痴不用发愁了，打开导航就能带路；不再为带现金而担忧了，扫码就能轻松支付；不再为商场购物而头疼了，线上就能完成交易；不再为沟通而烦恼了，打开视频，多远的距离都不是问题；不再为素颜而惭愧了，美颜相机就能让你变得无可挑剔……可以说，手机的功能越强大，人们对它的依赖程度就越高，手机正日益成为我们生命中无所不能的"贤内助"，离不开也放不下，大有一生相守，白头偕老之势。

2

毫无疑问，手机改变了我们的生活，让世界尽在"掌握"之中，但同时也影响着我们的生活。

生活中不少人都有这样一个习惯，有事没事总喜欢拿出手机看看，生怕错失了某条消息，若不看就会产生焦虑情绪，心神不宁，只有通过不断地查看才能缓解。手机在给人们带来便捷服务的同时，也将一种过去从未有过的症状——手机依赖症一并打包给了人们。当一个人过度依赖手机，除了对其生活造成影响以外，还会成为拖延症的诱因。许多人都有这样的体会，本来只是想随便看一下，结果却看入了迷，不知不觉就是大半天，最后把该干的事都给耽误了。

现代人的匆忙，往往与迷恋手机有关。你玩手机浪费的时间，终究要通过更加匆忙的追逐去弥补或实现。很多时候，造成竞争力每况愈下的原因，不是别人太优秀，而是因为你沉迷手机浪费了太多时间，从而导致自己停滞不前。想想看，本该努力提升自己的时候，你在做什么？是不是在玩手机？

智能手机的发明看似让生活更加便捷，实则让我们更加忙碌，甚至昼夜难分。人们充分利用碎片化时间，不论是匆匆一瞥地快速浏览，还是目不转睛地高度关注，投注到手机上的时间越来越多，以至于工作和休息都受到了影响。只是，我们机不离手，乐此不疲，耗费了那么多时间和精力，到头来到底收获了什么？恐怕只有自己最清楚。

  人这辈子，看似漫长，实则短暂，只有将有限的精力用在关键之处，才有余力雕琢更加精彩的余生。时光珍贵，若被手机耽搁、贻误，岂不可惜。据有关统计，"手机控"正在向低龄化蔓延。学生拥有手机几乎成为普遍现象，而自控力较弱的孩子们更是难以抵挡手机的诱惑。对孩子而言，最好的玩具是"父母"，而不是你塞给他一个手机，任其玩下去，孩子或许会因手机的吸引停止纠缠和哭闹，可一旦养成习惯，孩子收获的不仅是一个"玩具"，还有一个陋习。

  有人说，手机像一副拐杖，一旦习惯，离开它就会寸步难行。我们一定要搞清楚，手机是为你服务的，而不是你为手机服务的。手机仅仅是一个为生活提供便利的"助手"，而不是让生活动荡不安的"电子情敌"。

  如今，"跟手机过吧！"这句调侃话，更像是一句真实的生活写照。出门什么都可以不拿，唯独手机不能落下；回家什么都可以不做，唯独手机不能不要。手机像是一个神秘的磁场，勾人心魂，令人神往。总有人觉得，手机就是一座待开发的"金矿"，总想挖出一些终生受用的东西，可往往是浅尝辄止，眼花缭乱之后一无所获。

  其实，我们忽略了一个很重要的成本，即时间成本。一个人把注意力放到手机上的时间越多，那么，用于学习和思考的时间就会越少。

  时间不可再生，岁月无法回头。当你不停查看手机状态的时候，请克制一下吧！

3

  有人说，手机的发明使人们摆脱了无聊，是这样吗？事实上，手机让我们更无聊，无聊到只能玩手机。戒不掉手机的瘾，不是手机的罪过，而是来自你没完没了的主动"骚扰"。

我看到有人如此形容手机的重要性：不带手机会死，不开手机会慌，不玩游戏睡不香。显然，这是中了手机的"毒"，且病得不轻。

智能手机里到底承载了多少信息恐怕无人知晓，只要你有时间就有永远也刷不完的内容。在我们尽享多彩的生活之余，不可避免地要接受泥沙俱下的洗礼，在鱼龙混杂的内容里，难免会掺杂有害无益的成分。

我们一定要明白，手机不是赋予人生能量的万能载体，无论手机对你的生活多么不可或缺，它也仅仅只是一个工具。凡事过犹不及，过分迷恋手机，不但对你无益，反而会害了自己。

在这个时代，我们通过互联网获取资讯早已习以为常，当那些极易得到的东西不断填充我们的大脑时，会不会因"吃得太潦草"出现消化不良，继而自食恶果呢？

成长的意义是为了成就更优秀的自己，而不是在将来有更多的时间玩手机。如果，一个人眼中只有手机，视手机为最爱，且玩得理所当然，那么，他终究有一天要为自己所虚掷的岁月埋单。

在手机不离手的当下，你作为手机主人的这个角色或许已悄然发生了变化，别不承认，想想看，是你支配手机的时间多还是手机支配你的时间多？尽管，做手机"奴隶"这件事说起来有点危言耸听，但事实上，我们被手机"套牢"已是既定事实。

不要以为是你给了手机"生命"，其实，是手机左右了你的一生。它勾走了你的灵魂，束缚了你的日常，可以离开你，而你却离不开它。

也许，你只是希望手机充实你的生活，带走你的无聊，慰藉你的灵魂，可是，你一厢情愿的美好期待，真的会因手机的出现而实现吗？我看很难。毕竟手机只是一个没有温度的"机器"，它无法让你踏着欢快的节拍一路高歌猛进，更无法通过拥抱手机就给你一个星光灿烂的未来。相反，手机会悄无声息地，一分一秒地剥夺你的时间，甚至把你的学习、进取、提升、休闲时光都统统拿走，徒留残酷的现实，给你无限的伤悲。

人生如此美好，若被手机无情绑架，岂不可惜？一味迷恋手机，只会让你希望而来，失望而归。要知道，这个世界上，所有让你流连忘返的舒适、惬意，都是有代价的。

当然，在"未来已来的时代"，我并不提倡"脱离手机运动"，而是希望你与手机保持足够的社交距离，用多元的生活方式，迎接自己更加精彩的未来。

4

手机不是生活，更无法替代生活。你向往的星辰大海，不能被手机所掩盖；你期待的美好生活，也不能通过手机来实现。

娱乐成瘾如同慢性病，看似别来无恙，但长此以往却会让一个人的人生每况愈下。事实上，玩手机并不能给人带来多少轻松疗效，若一个人把大把时光都投入这种无效时段，反而会徒增几分内疚和自责，让自己陷入没有意义的空虚之中。

手机，让聪明的人更智慧，让散漫的人更慵懒。真正聪明的人，一定是一个利用手机的高手，而不是一个被手机囚禁的奴隶。

我知道，对无法自拔的手机控来说，跳出舒适区很难，可你不试试，怎么就知道自己不行呢！

为此我有几点建议：第一，摆脱对手机的依赖，从远离手机开始。很多时候，你之所以会不停地解锁手机，就是因为你离手机太近，太方便拿到它了。把手机放在你的视线之外，与它保持一定的距离，如此一来就会减少触碰它的机会。第二，对手机里的软件来一次彻底的断舍离，卸载那些耗费你时间最多的App。实质上，手机里五花八门的软件，很多都是多余的，并不实用，也不是生活的必需品。第三，明确人生目标，控制手机使用时长。如果你把所有热情都倾注到了手机上，那么你就欠自己一个合理的人生规划。因为，对于一个有坚定信仰的人来说，他是不舍得把美好时光都用在玩手机上的。

5

以前不离不弃是夫妻，现在不离不弃是手机。与手机过于亲密的后果，不仅会扰乱心智，疏远亲情，还会让人沉沦在娱乐消遣的陷阱里。

追求自娱自乐，看似潇洒，但只会让你潇洒一时，却不会潇洒一辈子。所谓命运的礼物，没有一件是平白无故的，你所有的收获都有一个前置，那就是付出。

放下手机，把精力放在有意义的事项上，才能发现自己的价值，迎来属于自己的高光时刻。

你爱手机，但也要注意爱的分寸，莫因爱得太痴太深，让你的人生承受难以承受的伤痛和遗憾。手机只是一个辅助你成长的工具，它不是生活的重点，更不是生活的全部。手机可以做"助理"，但绝不适合做"伴侣"。

但愿，你掌中的手机，是一个锦上添花的使者，而不是一个偷走你大量时间的窃贼。

选择不对，
努力白费

1

人生所有的幸与不幸，都有一个前置，那就是选择。站在人生的十字路口，向左转还是向右转，结果往往截然不同。漫漫人生路，要紧处只有几步。你选择走什么样的路，决定你能看到什么样的风景，踏上不同的路，也就有了不同的人生归宿。

人这一生，最重要的是找一条适合自己走的路，踏出第一步，还需要给自己一个方向以防误入歧途，而这一切都离不开选择。

可以说，选择是一门受益终身的技能。显然，这个技能不是纸上谈兵，它需要不断学习，更需要反复练习，在学习中明辨，在练习中磨炼，然后在实践中检验，久而久之便成为一个人的能力。

你选择什么，想要什么，就要付出与之匹配的努力。一个人的能力决定了他的选择余地，就像考试中的一道选择题，单靠猜，显然无法确保正确。人生路上的选择同样如此。只有把功夫下在平时，培养并历练自己的选择能力，才能在关键之时脱颖而出，占据人生主动。说到底，你所做的每一次选择，都是你认知能力发挥作用的结果。

选择，改变了我们的生活，同时它也构成了我们的生活。选择可以成就一个人，同时也可以毁掉一个人。选择有大有小，有轻有重。小的选择影响了生活，大的选择决定了人生。

我们每天都会面临很多选择，比如，吃什么饭，穿什么衣，何时回家，什么时候作息……这些事重要吗？也重要，但不属于人生最要紧之处的选项，毕竟这些都是生活中的日常。那么，什么才是人生的重要抉择呢？我觉得是那些足以改变或影响命运走向的大事，比如学业、事业和婚姻。

对人生有影响的选择还有很多，比如选择朋友、爱好、学校、专业，等等。朋友决定了你的人脉；爱好决定了你的品位；学校培养了你的能力；专业决定了你的事业。

你所做出的每个抉择，都不是平白无故，而是过去岁月沉淀的结果，它引领着你，也影响着你，并最终决定了你的人生轨迹。

选择的重要性毋庸置疑，但决定人生走向的未必是某一次选择，就像现在的你，一定是过去无数次选择叠加的结果。因此，不必担心，也不必缩手缩脚，大胆往前走，即使选择不对，我们还有重新再来的机会，若犹豫不决、踌躇不前，那么你错失的将是人生更多的可能。

对于人生规划，我可以毫不客气地说，不少人都有"短视"的毛病，他们看到的只是眼前，想到的只是当下。漫漫人生路，我们一定要有高屋建瓴的全局思考，选择要有前瞻性和必要性，决不能被一点利益所迷惑，更不能稀里糊涂把自己的未来搭上。

学会选择是一个人最重要的生存技能，如果有人给你建议和指点，希望你不要急于否定和排斥，也不要马上服从和接受，以心判断，理性抉择，毕竟自己才是为结果埋单的人。

每一次选择，都应该是一次见识的升华。最好的选择就是，踏对了节拍，选对了路，而你的梦想又恰好在这条路上。

2

既有选择，必有取舍。

可以说，人与人之间的区别，贫富和贵贱，快乐和悲伤，往往就在于选择不同，取舍不同。

选择能力的核心是预判，这是一个基于经验的判断，对可能的结果有一个提前的预设和评估，在此基础上优胜劣汰，最后给出一个合乎自己预期的选项。

如何做出一个正确的选择呢？我的建议是听从内心的声音，要有自己的主见，不盲从，不人云亦云，要视自身条件和具体情况而定。如果说鱼和熊掌不可兼得，必舍其一，那就选熊掌好了。其实，很多时候，选择可不是一件简单的事。你选择了"熊掌"，可能会对"鱼"念念不忘；你选择了"鱼"，也可能会对"熊掌"垂涎三尺。人生的许多痛苦，正是来自放不下，舍不得。

选择的玄妙之处在于，你不一定能得到什么，但你一定会失去什么。

纠结的情愫，躁动的心，面对选择总是不知所措，反复徘徊在一头是梦想，一头是现实的桥上，患得患失，不知该走向哪一端。即便踏上征程，也时常会想这到底是不是一条最适合自己的路；即使做了，还会猜测这到底是不是一种最好的选择。

但实质上，很多时候选择具有排他性和唯一性。比如，你面前同时出现两条路，你该如何选择？不管怎样选择你都不可能"脚踏两只船"，也不可能把所有可能都占为己有。

如果，你面对多个选项，不知如何取舍，就试试排除法吧！把不靠谱的逐一排除，留下的也许就是你想要的答案。当然，这个答案是否正确，最终需要时间来印证。

属于你的，要积极争取；不属于你的，就要果断地放弃。

舍弃并不一定就是失败，恰恰相反，如果你选择重新翻页，展现在你面前的也许就是另外一个崭新的开始。重新进行职业定位的名人数不胜数，单就"弃医从文"就有鲁迅、郭沫若、冰心等，这些家喻户晓的人物无一不是听从内心的指引，选择了一条更有益的道路。

要么选择出众，要么选择出局。无关紧要的选择成就了你，重要的选择成就了不一样的你。

前途未卜的人生路，你要承受选择不对，努力白费的风险，同时还要继续奔跑在勇往直前的道路上，有时会觉得人生好难，但既已出发，别无选择。一旦你穿越了那段幽暗的岁月，迎接你的不仅有希望的曙光，还有更加顺遂的人生。

有的人患了选择"纠结症"，瞻前顾后，患得患失，在取舍之间反复徘徊，不知如何是好，同时又为自己曾经的选择失误，悔不当初，放不下也忘不了，心事重重，不堪重负。

如果，事已至此，就不必纠结当初了，后悔于事无补，反而会让你失去更多。其实，"生活对你关上一道门，一定会为你开启一扇窗"，"失之东隅，收之桑榆"。与其羡慕别人的康庄大道，不如静下心来欣赏自己脚下的这片曲径通幽，也许，在这条少有人走的小径上所呈现的是与众不同的人生风景。

成功就在取舍之间，大舍大得，小舍小得，不舍不得。

3

我曾看过一个有趣的故事：有三个人因犯错即将被关进监狱三年，监狱长允许他们每人提一个要求。第一个人爱抽雪茄，便带了一箱雪茄进了监狱；第二个人生性浪漫，需要爱人相伴；第三个人只带了一部手机笑而不语。三年过后，第一个人冲了出来，只见他嘴里鼻孔里塞满了雪茄，他大喊道："给我火，给我火！"原来，他忘记带火机了。接着出来的是第二个人，只见他抱着孩子，挽着爱人。最后出来的人激动地握住监狱长的手说："这三年来，因为有手机的联络，我的生意不但没有受到影响，反而增长了好几倍，为了表达感谢，我要送你一辆汽车！"

这个故事告诉我们：选择决定结果，有什么样的选择，就会有什么样的结果。试问，你当下的生活，难道不是三年前的选择决定的吗？

你现在所承受的或享受的，如果追根溯源，一定与曾经的选择有关。选择对了，事半功倍；选择不当，谬之千里。

每个人都会经历人生中最要紧的那几步，在迷茫的十字路口犹豫徘徊，不知所措，倍感煎熬和痛苦，但我们必须做出选择，不管前面是阳关大道，还是独木小桥，那都是我们要走的路。

选择很难，不选择更难。如果只有一条路，我们会毫不犹豫地走下去；倘若有多条路摆在面前，你会不会左右摇摆，踌躇不前？有时让人焦虑的不是无路可走，而是路太多，面对纵横交错的前路犯了选择"纠结症"，反而不知该何去何从了。有时候，选择太多未必就是好事，它让人患得患失，迟疑不决，最后不得不花费更多的时间用在如何选择上。

物资匮乏的年代，人们常因选择有限或没有选择而痛苦，而如今，我们却因选项太多而难以取舍，现代人的迷茫与纠结常源于此。以前的路好走，是因为只有那么几条，而现在的路看似平坦却难行了，置身喧嚣之中，出现误判的可能性也增大了。

如果说选择太多，无法取舍会让人迷茫；那么选择太少，别无选择则会让人痛苦。

生命是一条单行道，前进是每个人的必选项，至于到达什么地方，以及进化到何种程度，则完全取决于我们自己。人到什么时候都不要放弃自己的选择权，这关系到你将会走什么样的路，成为什么样的人。

人之所以那么努力，很大程度就是为了获取更多选择权。相对于别无选择，以及无路可走时的失意和窘迫，拥有更多选择权显然是一件人生幸事，毕竟谁都希望自己在选择方面手握主动，而不是被动。唯有努力，才能让选择不那么费力，也唯有努力，才能给选择留下余地。

人有时会成为一个纠结的矛盾体：想成功又怕失败，想收获又怕无果，想求稳又追求速度，想风平浪静又蠢蠢欲动。只是无论如何，你都要给自己一个选择，因为，没有选择就不会有结果。

很多时候，所谓真理并非"一锤定音"的东西，它往往需要通过试错来积累经验和完善，就像要寻一个匹配的螺丝帽，恰到好处是一种希冀，更是一种要求，但有时我们不得不通过排除法过滤掉不合适的选项。

人生所要面对的，就是一道道待解的选择题，你的能力决定了效率和准确率，而答案就在脚下。

4

战术上的勤奋只是小打小闹，战略上的选择才至关重要。

勤奋是一种做事的态度，但能否成事，并非由勤奋决定。很多时候导致失败的原因，并不是不勤奋，也不是努力不够，而是选了一条并不适合自己走的路，误入歧途。

对理智的人而言，冒险不是一个好的选择；而对一个敢于挑战自我的人来说，冒险恰恰是一次绝佳的人生探索。

其实，真正困住我们的不是选择，而是思维方式。思路决定出路，想好了再出发吧！如果你选择了一条不适合自己走的路，一意孤行，最终只会与目标渐行渐远，即使比别人多付出了百倍的努力，也于事无补。

与其说选择重要，不如说选择之后的作为更重要，执行力才是保证成功的关键。

凡事做才有希望，不做就没有结果。一个做事游移不定的人，不仅会浪费很多时间成本，还会在犹豫不决中错失良机。这种事在生活中并不少见，机不可失，失不再来，把握机会才能见证奇迹，而奇迹往往在行动之后才会出现。

当然，人都有彷徨之时，但并不能停滞不前，故步自封。当你不知道和不确定的时候，不如再往前走一段，也许时间会帮你抉择，行动会给你答案。

选择是一个取长补短的过程，与其说选择对了，不如说是你知道自己的擅长，明白自己的短板，找到了一个最适合自己的位置。

我一直觉得，努力的意义，就是给人生创造更多的回旋余地，而不是被动地等待命运的垂青。

奋斗的本质，其实就是一场开疆拓土的战斗，多创造一点空间，以便让自己可以策马扬鞭，自由驰骋。但是，无论多么厉害的人，他的选择权都是有边界的，不能随心所欲，放纵不羁，唯有走正道才能行稳致远。

就像种地，你播撒什么种子，以及用何种方式进行田间管理，最终都会影响收成。不过，只要你依自然规律办事，认真耕耘，用心呵护，一般都会收获不错的结果。

5

决定命运的，不是天意，而是选择。

一个好的选择，不是自不量力的表达，也不是好高骛远的苛求，而是内心期许的再现。

面对选择，你要遇事不慌，处事不惊，知进退，懂取舍。当你学会理智思考，而不是感情用事；知道顺势而为，而不是一意孤行；懂得锐意进取，而不是故步自封，当你耐得住寂寞、扛得住压力、沉得住气，敢于挑战自我、突破自我、超越自我，即便误入迷途，也总能找到"柳暗花明"的出路，因为心态决定状态，而状态决定了人生成败。

选择往往带着私心和杂念，人人都希望把好事尽收囊中，但在择优的判断里，好坏也只是一个相对的概念。自己酿的酒，是苦是甜，自己最有发言权。

工作不如意的人，梦想受挫的人，碌碌无为的人，只有唤醒自己，重塑自我，才能为人生开启一道希望之门。

很多时候，不是做了才有希望，而是选择对了才会有希望。改变自己，就从选择开始吧！

谱一首梦想的歌，唱出自己的心声；择一条合适的路径，笃定前行；选一件喜欢的事，把它做到极致。希望的明天，唯有出发才能抵达；理想的彼岸，选择对了才能实现。

糊涂之道最难得

1

郑板桥有一句传世名言，叫作：难得糊涂。这四个字犹如警世明灯，被许多人奉为真理，悬于高堂，告诫人们：世上有些事，最好别看透，糊涂一点好。

人这一生，糊涂最难得，其不易之处在于，世人皆精于算计，以聪明者自居，殊不知聪明一旦过了头，便会目中无人，忘乎所以，不知天高地厚，为自己埋下祸端。

糊涂分两种：一种是真糊涂，神志不清，迷迷糊糊；一种是假装糊涂，明明心里倍儿清，洞察是非曲直，却偏偏表现出大智若愚的样子。我想多数人所推崇的糊涂，应该是后者，不是真糊涂，而是假装糊涂。当然，糊涂一事，仅仅被限定在为人处世层面，对于诸如数学、计算、工程、统计等科学方面的学问，是万万糊涂不得的。

难得糊涂是一种为人处世的智慧，是一种看清了复杂人性之后的顿悟和清醒。

真正厉害的人，往往深谙糊涂之道，懂得示弱守拙，知道避其锋芒，如此才能在人生舞台上游刃有余，立于不败之地。做人，恪守章法本没错，但倘若只认死理，容不下别人，心高气傲，食古不化，恐怕在社会上立足都是一件难事。

我们身处纷繁复杂的世界，每每遇事，若不懂趋利避害，一味争长论短，最后只会吃不了兜着走，因小失大。

你的人生可以带点锋芒，但不要锋芒毕露，看穿不拆穿，糊涂一点，给他人留一条退路，自己才不至于行至绝处。

2

智者的人生，一半清醒，一半糊涂。

在复杂多变的社会环境中，我们不光要通晓"精明"之法，更要懂得"糊涂"之道，该清醒时清醒，该糊涂时糊涂。

《菜根谭》里有一句话："大聪明的人，小事必朦胧；大懵懂的人，小事必伺察。盖伺察乃懵懂之根，而朦胧正聪明之窟也。"智者，大事清楚，小事糊涂；愚者，小事清楚，大事糊涂。若轻重不分，是非不明，可谓真糊涂也！

故弄玄虚，自作聪明者众多。总有些人，逞强好胜，不懂收敛，与人交往，唯恐露出一丝不够聪明的迹象，自恃高人一等，殊不知这只是自欺欺人的表演，一旦露出虚伪的破绽，定会落下一个遭人嫌的下场。

大智若愚者看似"老实"，甚至略显笨拙，但其实是不动声色，与世无争，而不事张扬的行事风格看似被动，却能为自己避免许多不必要的祸患和麻烦，何乐而不为呢！真正的智者，往往是不显山露水的，他们性格内敛，懂得低头、示弱，明明才华不凡，却将自己视若尘埃，不过，也总能在关键时刻力挽狂澜，惊艳全场。

莎士比亚曾说："与其做愚蠢的聪明人，不如做聪明的笨人。"

糊涂的最高境界是糊涂中透着可爱，糊涂中藏着智慧。真正有智慧的人，活得通透，懂得取舍，知道示弱；而耍聪明的人，爱玩心机，精于算计，最后机关算尽，反而害了自己。糊涂者善用"愚蠢"保全自己，而自作聪明者，因其过于张扬的个性，难免会招人讨厌和反感。假装糊涂的人表面看是糊涂，实则比谁都聪明，但这种处世智慧并不是所有人都懂。

糊涂和精明到底哪个更为难得？这本是仁者见仁，智者见智的事。只是生活中，活得糊涂的人容易清醒；而活得清醒的人反倒容易糊涂。这个世界上，有的人因看得太真切，太较真，活得心力交瘁；而有的人懂得失，不计较，却活得从容不迫。

民间流传一句话：傻人有傻福。这里的"傻人"绝非真傻，也许，聪明人会说他们一根筋、认死理、不开窍，其实是他们不屑于歪门邪道，他们不怕苦，不怕累，在自己的领域里精耕细作。也许，你短期并没有看到什么成效，但长此以往，他们必将收获属于自己的美满。

为什么一个人心知肚明，还要装糊涂？因为这个人不糊涂。难得糊涂是一种境界，有些事，明白就好，不必言说；有些人，知道就行，不必强求。

当然，糊涂的本意并非让人看不穿，而是看穿不说穿，给他人留了面子，就是给自己挣了里子。

人这辈子，总有力所不能及之事，也总有无可奈何之时，只有放下放不下的，才能得到得不到的。

3
———

真正的智者，既能审时度势，又能适可而止。

曾经有人做过这样一个实验：在两个玻璃瓶里各放入5只蜜蜂和5只苍蝇，然后将玻璃瓶的底部对着亮光，而将开口朝向暗的地方。接下来发生了一件有趣的事：自持聪明的蜜蜂，坚信亮光处就是出口，于是，一次次撞击瓶底，没过多久就撞死了；看似笨拙的苍蝇则不走寻常路，它们全然不顾亮光的吸引，四处乱飞，不一会儿全都从瓶口逃脱了出去。

《红楼梦》中有一句话："机关算尽太聪明，反误了卿卿性命。"说起来有点悲哀，但生活中被聪明反噬的例子层出不穷。有的人不懂藏拙，争强好胜，结果"枪打出头鸟"，引祸上身；有的人自持才高，傲慢自大，目中无人，却把自己活成了孤家寡人；还有的人精于算计，算来算去，自己并没有占到丝毫便宜。

老子曰："俗人昭昭，我独昏昏；俗人察察，我独闷闷。"世人都活得清醒明白，唯独我迷迷糊糊；别人都精打细算，唯独我愚昧无知。智者的人生所见略同。真正的智者，独具慧眼，明察秋毫，洞悉人性，既能保持人间清醒，又能在该糊涂时依糊涂之道行事。

糊涂最难得。人与人之间，本来就是和而不同，只有求同存异，理解不同，包容差异，才能收获更多的快乐。

哲学家尼采说："无须时刻保持敏感，迟钝有时即为美德。"

做一个精明的糊涂人，看似矛盾，其实并不冲突。精明是一种洞悉和明了，而糊涂则是一种境界和觉悟。真正的难得糊涂，便是一种恰到好处的聪明。

在问题里寻找答案

1

人生就是，一边制造问题，一边解决问题。我们带着解决问题的使命制造问题，又带着我们制造的问题学习如何解决问题。

人这辈子，伴随着问题成长和成熟，又伴随着问题激荡和沉浮，历经岁月的淬炼，你终究会明白，人生就是一场探索、求证、体验的过程，能否收获精彩，最终取决于你解决问题的能力。

一切的准备与努力，都是为了解决问题。

人生在世，最要紧的事就是学习，学习如何发现问题，如何解决问题。

学习的目的在于"学以致用"。通过所学提升视野、增长见识，继而把所学应用于实践，解决问题。对于学习，老师的主要职责就是传道授业解惑，解惑就是解决学生不明白的问题。有的同学之所以学习好，是因为他们掌握了学习的"方略"。我发现身边的优等生几乎都有这样的习惯，就是带着问题学习，一旦遇到难题，一定会想方设法把难题解决掉，做到"今日事今日毕"。再看有些同学，今日问题一知半解，明天的新问题又纷至沓来，问题越积越多，最后把自己困在了问题里。

其实，有问题并不可怕，可怕的是面对问题无动于衷。懒惰是横亘在人生路上最大的"绊脚石"。有问题你不去处理，它就会一直在那里，让你不顺遂、不如意，常被问题困在原地，前进受阻。

问题只有移除，路才会越走越宽；障碍只有拿掉，路才会越走越顺。若一味逃避，不敢面对，绕来绕去，最终还会把你绕到问题里。

同一个问题，有人看到的是一堵墙，有人看到的是一扇窗。俗话说："站得高看得远。"思路决定出路，看不开的世界尽是"疑难杂症"，而看得开的世界却是一片光明。

有时，问题意味着麻烦；有时，问题意味着机会。

虽然，没有人希望自己是一个"麻烦制造者"，但事实上，人这辈子会不由自主地、没完没了地制造问题。有些问题为难的是自己，有些问题麻烦的是别人，这是不可避免的。我们要尽量少制造一些麻烦，多做一些"排忧解难"的事，成为一个有益于社会的人。

当然，如果一个人什么麻烦事儿都没有，反而更麻烦。我们的生活本就是沉浸在各种各样的问题里，你解决一个，还会有下一个，纷至沓来，没有穷尽。上学时，解决学习问题；工作时，解决工作问题；忙碌是解决赚钱的问题；看书是解决见识的问题；就连睡觉也是在解决睡眠的问题。通过解决问题，丰富自己、磨炼自己、养活自己，从"有一个问题的人"变成了一个能解决问题的人，我们的成长轨迹上遍布着各式问题，只有将问题逐一破解，才能让自己的人生更加丰满。

能否解决问题，态度很关键。积极的人，主动出击，兵来将挡，水来土掩。把大问题变成了小问题，把小问题变成了没有问题。而消极的人，避重就轻，得过且过，只会迎来更多问题。

世上无难事，只怕有心人。只要你愿意做，总会找到你想要的答案。

如何才能遇见更好的自己？显然，沉醉在白日梦里无法遇见更好的自己，只会让你成为一个有问题的人。

人生路上总有几件要紧事决定你的前程，也总有几件"非你莫属"的问题堵在你面前，逼着你非解决不可，因为你不解决，前进的路就断了。

我始终认为，人这辈子是带着使命而来，当你为世界的美好贡献了一些力量，扫除了一些障碍，解决了一些问题，那么，你也就找到了自己存在的价值和意义。

2

电影《教父》里有这样一句话："在一秒钟内看到本质的人，和花半辈子也看不清一件事本质的人，自然不是一样的命运。"

一个人即便才华出众，但倘若缺乏敏锐的洞察力，整日浑浑噩噩，也很难在激烈的竞争中脱颖而出。

我发现身边比较厉害的人，身上都有两项能力高于常人：一是快速发现问题的能力，二是快速解决问题的能力。

做事最忌主次不分，重点不明，将时间浪费在无关紧要的事情上。效率是成功的利器，速战速决让人生占据主动，而拖泥带水往往与机会失之交臂。

我们通常会这样定义成功者：他是一个解决问题的高手。没错，如果一个领导者没有发现问题、搞定问题的能力，那么他就无法带领团队走向成功。可以说，一个善于管控问题的"火车头"，是带领团队行稳致远的关键。

爱因斯坦说："提出一个问题往往比解决一个问题更为重要。"

解决问题，先得有个问题，接下来才能去思考如何解决这个问题。发现问题是解决问题的前提，只有发现了问题，才能对症下药。有时问题就像鞋子里的小石子，必须把它找出来，然后扔掉，否则它会让你一直不舒服下去。在问题里引发的思考，对我们来讲是经验也是教训，做到有则改之无则加勉。磨刀不误砍柴工，遇到棘手的问题，不要急于求成，先停下来给自己一个思考的时间，如此才能找到一个更稳妥的解决方案。

面对问题，你首先要知根知底，做到心中有数，避免"头痛医头，脚痛医脚"。"未雨绸缪"与《黄帝内经》所倡导的"未病先防，即病防变"的"治未病"理论有异曲同工之妙。在问题尚未出现之前，先行一步，分析可能会出现什么样的问题，并想方设法避免问题的发生，让问题的萌芽无法破土而出，就不会变成大问题。预则立，不预则废，当问题已经发生，再去解决，就如同亡羊补牢一般，往往是被动的。

只有发现问题的"病灶"，才能"药到病除"。能力突出的人都有这样的本领，一眼就能洞穿问题的核心，并且能迅速给出解决问题的思路和方案。

遇到问题要先想想问题是怎么形成的，搞清楚问题的"因"，再去找解决的对策，如此才能有的放矢、切中要害。

比如，墙上的电子钟停止了转动，你是取下来就进行拆解修理，还是先看看是不是电池的问题？如果你手里正好有一把螺丝刀，会不会有打开的冲动？其实，生活中的许多问题并不复杂，之所以变得复杂，是因为你把它想得太复杂了。

不少人喜欢用习惯性猜测来臆断客观事实，最后把小问题变成了大问题，本想成事结果变成了败事，问题不但没有解决，反而多此一举，弄巧成拙，实在是得不偿失。

面对一个难题，若紧盯难题不放，就很容易"当事者迷"。倘若站在一个更高的维度去观察、分析，也许会发现这个问题根本就不是问题。

有人说，衡量一个专家的水平，只需看他能不能将复杂问题简单化，让人轻松理解，而不是将简单的问题复杂化，以显得自己博学。

生活中的困惑有时就像一根解不开的绳索，如果你的视线一直停留在那个"疙瘩"上，只会让人心烦意乱，不知所措。其实，很多时候，当你死死盯着"那个解不开的疙瘩"时，就会忽略问题的线索，就无法审视问题的全貌，成了"当事者迷"。就如同那根系了"死疙瘩"的绳子，不必浪费时间，只需拿起剪刀咔嚓一声，任务就此完成。

问题像弹簧，你弱它就强。没有无懈可击的问题，只有死搬硬套的思维。再难的问题也有漏洞和薄弱环节，只要你想解决，就一定能找到破解问题的谜底。即使无法得到完美的结局，只要你不放弃，持续努力，也会慢慢接近或缩小与真相之间的差距。

即使是同样一道难题，也会有不同的解题思路，但最好的答案一定是洞悉本质，抓住重点，继而一举击破。

3

说起来都是问题，只有做才能找到答案。

毫无疑问，行动是解决问题行之有效的动作，也只有行动才能终结问题。

一个人若置身堆积如山的问题之中，那么，他的生活必将烦恼丛生，一团乱麻。生活难免会有问题围绕，不要试图逃避，逃避与退缩无益于问题解决，只会让问题由小变大，积少成多。就像桌面上的杂物，你不清理，它不会凭空消失，反而会越积越多。一个人若能养成一个随手清理问题的习惯，就一定会让自己的生活变得更加敞亮、有序。对于那些非解决不可的问题，不能存储过久，否则它就会演变成棘手的"顽疾"，久治难愈。

爱因斯坦说，一个问题要解决，用最初产生这个问题的思维模式去解决是不可能的。

走进死胡同的人只知道问题难解，却从未想过如何把问题分解。解决问题要以目标为导向，理清思路，找出头绪，只要方法正确，再难的问题，也总会找到突破口。遇到难题，最忌急于求成。不要试图一下子就把它解决掉，试着把它拆解，先易后难，步步为营，到最后一定会把问题瓦解。

如果，你一遇难题就放弃，那么，你永远都无法跨过这道坎，超越自己也就无从谈起。

对问题不要客气，先下手为强，早解决早轻松。因为你不解决问题，问题迟早会把你解决掉。当生活中的各种问题纷至沓来，你必须扛起责任和担当，主动出击，而不能像打架那样一旦寡不敌众就选择逃避，你的问题，终究需要你来面对。

解决问题，就要拿出解决问题的态度和方法，更要耐得住寂寞，经得起考验，关键要对问题负责。也许，有些问题当下并没有合适的答案，但在寻找的过程中却发现了更多的可能，这就是收获。

有问题并不可怕，可怕的是你不去面对，不去解决。

人生不主动就会被动，主动就是敢于出手，敢于亮剑，不向困难低头，勇往直前。

4

既然是问题，就有一定的挑战性。通过攻坚克难，若能把问题处理得恰到好处，那么，你收获的不仅是成功，还有信心。

信心是一种力量，更是战胜一切困难的法宝。

很多时候，我们之所以会被问题困住，往往不是因为问题难解，而是因为消极情绪。不良情绪像一道魔咒，扰乱心智，影响人的判断力，使人面对问题一筹莫展，无能为力。

心态决定成败。积极的人，总能在绝望中看到希望；消极的人，即便机会近在咫尺，也会与其擦肩而过。

不要让失败羁绊你前进的脚步，也不要让过去的伤痛成为无法释怀的阴影。将曾经的失意和遗憾化作一往无前的动力，才能在未来遇见更好的自己。

不要抱怨"人生怎会如此之难",事实上,"家家都有一本难念的经",最终能不能过得幸福,考验的不就是你解决问题的能力吗?

人生就是你解决了一个问题,还会有下一个问题,层出不穷。不要妄想把所有问题都完美解决掉,要知道人的时间和精力是有限的,要学会取舍。

我们要学会拿得起,放得下,将精力聚焦在要紧之处,而不是鸡毛蒜皮的小事上。当你把问题分出轻重缓急,学会梳理、整合、归纳,才会有时间和精力完成更重要的使命。

"世上无难事,只怕有心人。"如果你觉得自己不够幸运,遭遇了一场场挫败,不必灰心,也不必沉浸在失败的情绪中无法自拔,收拾心情,把失利的原因找出来,不重蹈覆辙也是一种成功。

其实,很多时候你以为的"大事件",放到岁月的长河里根本不值一提。所谓问题,只不过就是日常里的小插曲而已。正如《新唐书》所言:"世上本无事,庸人自扰之。"

所有问题的答案并非一定无懈可击、天衣无缝,任何问题都有被继续探究下去的可能,因此"绝对正确"或许并不"绝对",一个问题的答案当前是正确的,但并不意味着永远正确,也许在不久的将来会有人对此补充、修正,甚至颠覆。对问题的求知和探索同样需要与时俱进,永葆好奇心,客观分析、质疑,不拘于过往,同时也能立足当下,瞭望未来。

多给自己一点勇气,笃定前行,也许你所面对的一切难题,都不过是一个个"纸老虎"而已。若问题不请而来,请你不要消极、颓废,因为方法总比问题多。

你想要的答案就在问题里,你想要的人生就在自己脚下。愿你踏梦前行,不负韶华,站在人生的舞台,倾情演绎属于自己的精彩。

道理我懂，
可是做不到怎么办

1

生活中许多人都爱讲这句话，"道理我都懂"，接下来那句想必大家都知道，"可是我做不到"。

道理懂得不少，但依然过不好这一生，恐怕也是不少人的生活写照。

道理从"懂得"，再到"做到"，有一个"寻觅"的过程，就如同"实践是检验真理的唯一标准"一样，即使你感觉懂得不少，但从未验证过，也不能算作真正懂得。

举个例子：你驾校毕业，新手上路，虽知怎么开车，但能不能开好就是另外一回事了。理论到实践，经过检验，才能决定你能做到或是做好。

知道做不到，等于不知道。如果道理只是停留在"我知道"的层面，从不去付诸行动，那么即使知道，也是徒劳无益的。

为什么你读了那么多书，能力却没有提升，因为你不会学以致用；为什么你想法很多，还是一事无成，因为你执行力不行；为什么你懂那么多道理，还过不好这一生，因为你从来都是"纸上谈兵"。

不是你不行，而是你"知而不行"。

不经检验的道理，犹如一句空话，毫无意义。

也许，你听到过不少激动人心的话语，也接受过不少"大道理"的洗礼，在激情澎湃的瞬间可能已感觉到大彻大悟了。可是睡了一觉，便把激励人心的话忘到了九霄云外，生活涛声依旧，你还伫立原点，没有丝毫改变。

把道理"束之高阁"，视而不见，那么它就是一件华而不实的"展品"，你也就无法从中获得能量和价值。

无论多么精辟的理论，不经实战，终究是纸上谈兵，取胜也就无从谈起。

2

世界上，从不缺夸夸其谈的理论家，缺的是脚踏实地的践行者。

一切道理，只有经过实践的检验，才能证明真伪。只有经过探索，才能领会道理背后的逻辑和内涵，才能加深对道理的理解和感悟。

关于道理，懂了就去做，做了反过来才会更加懂得。

如果你的认知能力不足以理解或消化某个"真知灼见"，那么，也就无法感同身受，更无法通过这个道理获得益处。

很多时候，我们意识不到做之后的好处和做不到之后的坏处，徘徊在做与不做之间，迟迟不付诸行动。想太多是一种精神内耗，当你想尽一切办法"趋利避害"时，往往会因"利害"难定使自己陷入"反复斟酌"的阶段，想得越多，问题就会变得越复杂，最后因没有想到最佳方案不了了之。

面对一个问题，当你思来想去不知如何是好时，不如剥去复杂的外壳看看问题的本质是什么。问题之所以会变得复杂，很多时候就是因为你把它想得太复杂了。

笛卡尔说："我只会做两件事。一件是简单的事情，另一件是将复杂的事变简单。"大道至简，所有真理都蕴含在简单之中，把简单的事做好就是不简单。

生活的智慧，往往并不复杂，许多道理浅显易懂，但并非每个人都可以做到。

记得我上中学时，有一年新学期伊始，母亲给了学费，再三交代一定要放好，我嫌母亲啰嗦，不耐烦地说知道了。刚到学校，一摸口袋，钱没了，顿时傻了眼。也许，母亲也因大意丢过钱，她给我讲的道理来自经验，我却当了耳旁风。每个孩子都会有与父母唱反调的阶段，成长是有代价的，通过试错我们知道哪些事可以为，哪些事不可为，并由此总结出经验教训，这大概就是一个人由稚嫩走向成熟必经的一个过程。

学校里老师不厌其烦地对你进行思想熏陶，只是，有多少人铭记于心，又有多少人置若罔闻？那些把老师的谆谆教诲当作"耳旁风"的同学，往后余生会不会后悔？也许，当初你再努力一点，现在就不会是这般模样了。

不知道为什么，这个世界上的许多道理，总能感动别人，却很难说服自己。那些对自己有了免疫的道理，难道只能成为别人成长的阶梯？

其实，我觉得造成道理"失灵"的原因，归根究底在于执行力不足。这个世界上，总有些道理，无人能教，也无处可学，只有悟到了才算真正明白；也总有一些教训需要用磨难的方式让人记忆犹新，只是，在事已至此之时再谈何必当初还有意义吗？

道理的转化可以举一反三，但道理的吸收一定要脚踏实地。

西奥多·罗斯福说：失败固然痛苦，但更糟糕的是从未去尝试。不要轻易否定自己，既然想做，就去做好了，犹犹豫豫地不敢前往，永远也无法得到你想要的结果。

实质上，将道理置于理论层面，就不能说你是知道的，就像"见过"与"懂得"是两个概念一样。

懂得只能证明你知道，只有做，才能让你变得更好。

3

空谈误事，瞎想费脑，唯有躬身实干，才能不负此生。

如果，一个人整日在自我编织的幻想里游荡，那么，他无论如何也无法到达属于自己的星辰大海。

也许，你也曾设想过人生的一万种可能，但倘若不去行动，恐怕也只能得到一个个破灭的梦。

想太多是一种精神内耗，唯有行动才能让自己如释重负。

知道玩游戏不好，可是戒不掉；知道睡眠太少，可我熬夜的习惯改不了；知道身体需要锻炼，可是坚持太难……道理都懂，可是做不到。很多时候不是你做不到，而是你根本就没有做。

"聪明人"惯用假设，如果我付出了许多，没有结果怎么办？担心付出"泡汤"，于是潜入舒适区里不愿意出来，一旦青春耗尽，迎接你的必然是落魄的余生。

人一旦止步于"思想很丰满"的阶段，一般结局都比较惨。

所谓道理都懂，往往是被自我感觉良好蒙蔽了双眼，现实的镜子所映射的才是最真实的自己。如果，你只是将道理置于理论层面，不屑于做，就不能说你是真懂得。就如同，你积累了不少砖块，就一定能搭建一所房子吗？事实告诉我们，没有践行能力是行不通的，因为平地起高楼，不仅需要看图纸的能力，更需要建房子的实力。

4

可以说，知与行的分道扬镳是一切问题的"死结"。如果你固执己见，不想改变，那么神仙也没有办法。

知道不一定做到，做到不一定知道，到底是"知易行难"还是"知难行易"？

心学大家王阳明先生提出"知是行之始，行是知之成"，合二为一便是其理论的核心"知行合一"。"与行分离的知，不是真知，是妄想；与知分离的行，不是笃行，是冥行。"先生极力反对知行脱节以及"知而不行"，用意识的"知"推动身体层面的"行"，使其"心随我动"，这便是现代版的"理论"加"实践"。"知"与"行"是一体联动，相辅相成，"知行合一"可谓是成事秘籍。

王阳明先生说："未有知而不行者，知而不行，只是未知。"

没有人是真的知道而不去做的，知道了不去做，是因为没有真正知道。

因此，道理都懂，依然过不好自己的人生，其本身就是一个谬论。在"不知道自己不知道"的认知偏见里，也许，你所谓的知道，只是一知半解；你所谓的懂得，只是懂了一个大概。

尼采说："生命中最难的阶段不是没有人懂你，而是你不懂你自己。"

关于道理，懂或不懂的区别在于，懂的人未必答对，而不懂的人只能两手一摊表示无能为力。

5
———

不经一事，难明一理。许多事，只有经历过，才能彻底领悟其中的价值和逻辑。

道理存在的意义，往往体现在行动层面。你若把道理藏于心中，从来不用，早晚会忘得一干二净。

学习的目的在于"致用"，将所学知识应用于实践之中，并通过解决问题检验学习的成效。

显然，成长这条路，离不开言传身教，更离不开各种道理的熏陶。从小到大，我们不知接受了多少培育和教导，有些变成了耳旁风，不知所终，有些融入了生命。道理之所以能为人生赋能，是因为它蕴含着有益于灵魂升华的成分，就像那仁者见仁，智者见智的"鸡汤"，有人听了就忘，一无所获，而有的人听了就去做，说不定就成为让自己受益匪浅的能量，助力自己成长、成熟。

世界从来不缺思想上的巨人和行动上的矮子，喜欢夸夸其谈的人，往往一事无成。而真正厉害的人，习惯于默默耕耘，静待花开，待瓜熟蒂落，也必将收获累累硕果。

道理只有早践行，才会早明白，才能早收益。

如果，你欲乘"真理之舟"志在千里之外，却不肯启动，那么，你将如何抵达你想要去的远方呢？也许，你早就明白"万事俱备"的道理，可如今"东风已来"，你还停泊在原地，那么，你就不要怪现实太残酷。

想想看，你错过了那么多良机，是不是没有做到"知行合一"？言与行的脱离，无异于纸上谈兵，它会让一个奇思妙想落空，更会让一个人错失本属于他的成功与幸福。

在情感领域，我发现有些所谓的"专家"，在向别人出谋划策的时候，十分喜欢摆事实，讲道理，认为理讲通了，心结也就打开了。殊不知，大家缺的不是道理，而是如何将"家务事"落地，而这一条无人能教，只能靠自己去做。

很多时候，人在伤心难过之时，只是需要一张关怀的"创可贴"，而不是讲诸如怎么避免伤害的大道理。比如，女朋友不开心了，你给她讲道理试试。夫妻为什么总吵架，是感情不和了吗？也未必。道理都懂，可脾气一上来，就顾此失彼了。在"公说公有理，婆说婆有理"的背后，他们的问题也许只是想让对方在乎自己而已。随着年龄渐长，我们终究会明白，道理多说无益，只有做才有结果。

道理既然是人生内涵的有力支点，是不是就一定多多益善呢？

我觉得，道理并非越多越好，因为，接纳太多道理，光是消化就是一件难题。不少人都有这样的习惯，在网上看到一篇不错的文章，转手就收藏了下来，最后收藏夹里的"干货"堆积如山，可真正看过的少之又少。

大道至简，人生亦然。其实，人的精力极其有限，我们不需要成为全才，只需在自己的赛道精耕细作即可。

光说不练，只会玩假把式的人，永远也无法过上自己想要的生活。你向往一个目的地，就意味着必须付诸行动，做出改变，跳出让你迷恋的舒适区，甚至需要接受痛苦和挑战。

水能载舟，亦能覆舟。道理只是一个载体，它能把你带到理想的"彼岸"，让你领略美妙的风景，同时也能让你误入迷途，让你吃尽不懂变通的苦。

现如今，网络中的"真知灼见"随处可获，我们不缺老生常谈的道理，缺的是明辨是非的甄别能力。毕竟，一切道理只有适合自己才是最好的。不要让自以为是成为刚愎自用的理由，也不要让无知束缚你逐梦的脚步，凡事多想想为什么，带着疑问上路，为了"行"得不盲目，把"读万卷书"和"行万里路"结合起来，"知行合一"才能让你驰骋于千里之外。

请相信，好成绩是干出来的，你向往的目的地，唯有执着于行才能抵达。

莫让攀比伤害你

1

现代人的累,多数与攀比有关。

攀比往往是刻意为之,是一种不切实际的比对行为,常以仰望的姿态先攀后比,对标高标准向上攀登、靠拢,以期达到或接近令人向往的人生高度。

生活中,人们总喜欢与别人比较一番,把别人作为"参照物"建立坐标,通过比较确定自己的位置,从而给人带来一种好坏优劣的概念。

攀比是一把双刃剑。一方面,攀比可以激发个人斗志和潜力,通过努力缩小与别人之间的差距,为成长助力;另一方面,攀比也会让人心理受挫,"技不如人"的打击更是让人倍感焦虑。

攀比现象依附在人性里,犹如爱美之心,人皆有之。适当的攀比,使人进步,是提升自己的原动力。如果,你仰慕别人的成绩,就付诸努力,用努力缩小与对方的差距,用行动创造属于自己的奇迹。

攀比让人百感交集,在比来比去中,比出了欣慰和满足,也比出了忧愁和痛楚。当一个人在东张西望中开启攀比模式,便会通过比对来证明自己,不落下风,甚至略胜一筹是攀比者最希望看到的结果。

你会在攀比中发现卓越者比比皆是的现实,再看自己是如此渺小和微不足道,相形见绌的感觉让人心烦意乱,战胜对手的念头此起彼伏,可是处处领先又谈何容易。

在忙碌的生活间隙，人们总喜欢与身边的人比一比，比工作，比薪水，比房子，比汽车，从中比出了优越感，也比出了沮丧和不平衡。为了迎头赶上，更为了赢得漂亮，我们不由自主地加快速度，在你追我赶中体验残酷的竞争法则，在匆忙的追逐中，我们的理想与信念似乎也变得不那么纯粹了。

攀比成风，已成为急功近利的幕后推手。但是，你看到的完美无缺也许只是一种错觉。一个人乐意把优势昭示天下，但没有人愿意将自己的缺陷让路人尽知，你树立起来的"千般好"，其实只有自己心知肚明。

人们身着光鲜皮囊热衷于名利场，渐渐忽略了生活中本该有的简单和恬静，而过于急切的攀比之风，只会滋生痛苦和烦恼，甚至仇恨和愤怒。

歌德说："生活累，一小半源于生存，一大半源于攀比。"

攀比是一个没有止境的旅程，一方面你要成就卓越，勇攀高峰；另一方面，为了不被后来者超越，更要马不停蹄。

但对于攀比，人们仍乐此不疲。

2

攀比之风一旦乍起，随之而来的就是忙忙碌碌的一生。

在人生的赛道上，为了跑出更好的成绩，我们快马加鞭奔腾不息，一骑绝尘，只是想让后来者望尘莫及。生活本来平静如水，日子过得还算马马虎虎，一旦在攀比中发现自己处于劣势，维护自尊心的天平便会失衡。

很多时候，我们之所以缺乏幸福感，就是因为"比上不足"时心中掠过的挫败感。让人难过的不是当下的不如意，而是比较后欲壑难平的心理落差。

有一种现实最让人无法接受，那就是天差地别的人生境况，悬殊太大的心理落差就像一把悬在心头的利剑，一不小心就会让人遍体鳞伤。然而，绝对的平等是不存在的，齐头并进也只是一场轰轰烈烈的梦。财富不均，人各有命，在攀比中收获的是与非、好与坏，与人性交相呼应，组成了一幅跌宕起伏的人生百态图。

　　当别人左顾右盼的时候，你也会上下打量，戴着有色眼镜把人群分门别类，以标签化识人。当攀比之风愈演愈烈，突显而出的就是流于浮华、急功近利与不切实际的社会现象。

　　本以为，在狂热的追逐背后，一定是为了梦想，但实际上，可能只是希望在比拼中不被碾压而做出的本能反应。也许，你在输赢之间收获的尊严、自信、优越感抑或落魄、绝望、挫败感，只是潮起潮落的人生常态而已，因为，人生赛场上并没有永远的常胜将军，有输有赢才是真实的人生。

　　虽说胜败乃兵家常事，但没有人愿意甘拜下风，毕竟，想赢才是人之常情。所以，你会看到，在这个熙熙攘攘的世界里，几乎所有人都在争取出人头地的"机会"，只是"头等舱"的数量有限，多数人终其一生，也只是活成了一个普通人的模样。

　　人这一生，一定会有情非得已，并非通过努力就能弥补差距，因为，人的出身、能力、智慧各有不同，你拿自己的缺点和别人的优点比，自然会比出郁闷和失落。与其煞费心机去跟别人比，活在别人的看法里，不如接受自己的普通，承认自己并非无所不能，如此才能活得坦然和透彻。

　　格局大的人，一定不会把自己禁锢在一个小圈子里，有时，你需要走进人群才能发现自己的与众不同。

　　"比上不足，比下有余"有时不是教你躺平，对于一部分被攀比折磨的人而言，恰恰是一剂心灵良药。学校里你不是学霸，工作中你不是精英，相貌平平，才华也不出众，总觉得处处不及人，郁闷之极，一转头竟发现有人还不如你，会不会瞬间就缓解了你的焦躁和抑郁？

　　人生最难得的是，得意不忘形，失意不忧伤。面对赞美，不必忘乎所以；面对指责，也不必耿耿于怀。接纳自己，就是接纳自己的不完美。

你羡慕别人，也许别人也羡慕着你。著名诗人卞之琳在《断章》中写道："你站在桥上看风景，看风景的人在楼上看你。明月装饰了你的窗子，你装饰了别人的梦。"与其苦苦寻觅风景，不如让自己成为风景。人生不必到处去显摆、炫耀，做一个真实的自己就好。

仰望别人，不如深耕自己。羡慕别人没有意义，专注于自我修炼，才能成就更好的自己。假如，你把日子过得风生水起，热气腾腾，自然有资格成为别人仰慕的对象。

3

如何证明自己做得好与不好？大概经过一番比较就知道了。

只是，人群中，有人比你高，也有人比你漂亮；工作中，有人比你轻松，也有人比你挣得多；生活中，有人比你开心，也有人比你洒脱……

既然比较，就很难守恒，一旦攀比的天平失衡，心理上的落差就会立竿见影，嫉妒、不甘、泄气，焦虑得不得了，急于弥补落差，变得愈发心急火燎。

让人无法淡定的是，有的人"三十年河东，三十年河西"，而有的人"三十年河东，三十年后还是河东"，人生几十年除了容颜变老，其他几乎没变，这不得不说是一种悲哀。

在世俗的眼光里，成功必须依赖一个条件：你比周围的人强。你比多少人强，决定了你比多少人成功。

我们从小就被寄予厚望，父母更是想尽办法让我们不输在起跑线上，为了在人群中闪闪发光，我们用青春和汗水磨砺自己的锋芒，希望有一天能成为最耀眼的那颗星。

伴随着成长的脚步，你终究会发现，这个世界上并没有无所不能的超人，我们每个人都有自身的局限和短板，你不可能面面俱到，也无法处处领先，能在自己擅长的领域深耕，并做出成绩已实属不易。

不得不说，人的能力是有天花板的。没有谁是万能选手，你要知道自己的极限，即便你已竭尽全力，也无法保证让所有人满意。其实，人的一生多数是在"比上不足"和"比下有余"之间波动，若你非要和比你厉害的人去比，只会比出无趣和失意。

攀比在心理学中指的是超越别人，树立自身优越感的过程。其实攀比并非一定是贬义词，有效的攀比可以看清自己，发现差距，便于你确定目标，迎头赶上。但凡事都喜欢与别人比一比，就不是什么明智之举。

仰望的姿态不但让人悲观失望，还会打击敏感而脆弱的神经。人世间由攀比而来的痛苦不计其数，那些东张西望、上下打量别人滋生出的心理落差，在稍逊一筹的事实面前顿时没了淡定的理由，相形见绌之下，幸福感也大打折扣。于是，便不自觉地开启自怨自艾模式，一边抱怨命运不公，一边着急追赶，却不得要领，愈发苦闷。

攀比无非是比出优越感，比出高人一等的感觉。只是和别人比，总有人比你强，也一定会有人比你弱。天外有天，人外有人；尺有所短，寸有所长。

溯古源今，有多少风云人物跌落神坛，又有多少芸芸众生逆袭成功？人生际遇如一出跌宕起伏的戏剧，变化莫测，这其中有偶然，也有必然。

历史的车轮滚滚向前，不仅带来了日新月异的现代化，还给人们创造了更多的攀比条件。既然要比，就与往昔比社会发展、科技进步，而不是比"源远流长"又"似曾相识"的虚荣、贪婪和享乐，如此才能让人性的光辉得以升华和传承。

对标卓越，你会更好；对标腐朽，你只会更糟。

你打算跟谁比，比什么，决定了你的层次和格局。比文化，比素养，比爱心，比奉献，向优秀的人学习，你也会变得更加优秀；若被不正之风侵蚀，只会落入俗套，步入窄道。

其实，一个人最好的参照目标不是他人，而是自己。如果你能做到日拱一卒，今天比昨天有进步，明天比今天有提高，那么，你的所有梦想都会一步步实现。

4

人生可以比，但不要盲比、妄比。

有人说，现代人喜欢攀比是因为有攀比的资本，这句话说得没毛病。以前不是不愿攀比而是没法攀比，你骑自行车我也骑自行车，你穿破棉袄我也穿破棉袄，贫富差距不大，也就失去了比的意义。而物质生活极大丰富的今天，贫富差距过大，人们相较之前反而难以满足了。

攀比之风愈是盛行，就愈容易让人心浮气躁。我们似乎失去了沉淀与积累的耐心，总想"弯道超车"，一夜暴富。想过好日子的心情可以理解，但你要知道，凡事过犹不及，太过急功近利，只会欲速则不达。

当代人的痛苦，很多时候不是物质匮乏，而是跳不出攀比的漩涡。所有无节制的攀比和不自量力的要求，都会成为打击你、伤害你的推手，束缚你的自由，让你举步维艰。

再优秀的人，也有人指指点点；再不堪的人，也有人认为你就是他的唯一。你的人生，自己说了算。不要被自己的短板羁绊，也不要被自己的认知局限，你要做的是发现自己的优势和闪光点，相信自己，其实你也很棒。

就像这世间没有两片完全相同的树叶，人与人也不会一样。就如同漫画家几米所言，一个人总是仰望和羡慕别人的幸福，一回头，却发现自己正被仰望和羡慕着。每个人身上都有专属于自己的灿烂，只是我们总喜欢隔空相望，却忽略了那份属于自己的风景。当你踮起脚尖偷看别家花园时，千万不要遗忘了自家院子里那一片姹紫嫣红。

凤凰涅槃的背后，一定有不为人知的艰辛和努力，你看到的也许只是表象，因为这个世界从来就没有随随便便的成功。你要抵达你向往的高度，就要付出与之相匹配的努力。

少一些盲目的、不切实际的攀比，多一些务实与担当，你要知道，所有成功的事业都是干出来的，而不是比出来的。把心思花在脚踏实地上，而不是爱慕虚荣上，不要羡慕别人的成绩，努力做好自己就好。

摆脱千篇一律的相似，跳出攀比的怪圈，做特立独行的自己吧！

有储蓄，
才有底气

1

历经艰苦岁月的老一辈，总会给我们传递一种厉行节约的观念。记得小时候，爷爷总提醒我，一米一粟来之不易，要懂得珍惜，不要浪费，勤俭才能持家。在这种朴素而又务实的思想引领下，一代又一代的中国人奋发图强，艰苦奋斗，如今的我们不但实现温饱，更是由弱变强，奔向了繁荣富强的新时代。

赶上新时代的人们早已不再为吃饭而发愁了，消费观念和储蓄观念更是今非昔比。毕竟富裕了，我们有条件去改善生活，也有资本去追求过去想都不敢想的愿望。

消费观念的迭代更新，信用卡、各种借贷平台也给我们实现超前消费创造了条件，这对于热衷于改善生活品质的现代人来说，生逢其时。

超前消费的前提是必须有偿还的能力，但实质上很多时候是借时很随意，还时很吃力。甚至不少人对金融信贷产品缺乏应有的了解，加上盲目自信，就迫不及待地把钱借出来了。只是在你打算透支未来享受当下的时候，千万不要忽略"意外"这个因素，更不要因考虑不周，作茧自缚。唯有理性的消费观，才能避免不必要的麻烦。

《傅雷家书》中写道："既然活在金钱的世界，就不能不好好地控制金钱,才不致为金钱所奴役。"人人都希望做金钱的主人,更希望做"家财万贯"的主人,只是多数都是普通人,他们兢兢业业,辛苦打拼,只为兜住生活的基本盘。如果没有花钱的底线和原则,为一时之快而乱花钱,守不住自己的钱袋子,终究会付出代价,让生活更加窘迫。

钱不光靠赚,还要靠"理",更要靠"攒"。会赚钱让你的财富积少成多,会理财让你的资产保值或升值,而花钱的"度"则决定了你能否攒下钱或理到财。

花钱的"度"并没有一个固定指标,因为人的收入水平是不一样的,但有一个底线,那就是该花的钱,一定要花;不该花的钱,能省则省。

财富的金字塔并非一朝一夕就能堆砌而成,靠的是一分一厘的积累,再少的钱积累久了也是一大笔财富。

为什么有些人能把生活过得岁月静好,不慌不忙?那是因为有储蓄为他撑腰。

手有余粮,心就不慌;家有存款,心就不急。

2

中国人向来有积谷防饥、积草屯粮的良好传统。

古代用兵打仗,有一个常识:兵马未动,粮草先行。要想打胜仗,就要做好充分的准备,备足粮草,打消了后顾之忧,才会有更大的胜算。在不打无准备之仗的要素里,先行采购粮草是一条常识,而采购粮草就要用到钱。可以说,钱是一种重要的战略储备资源。

储蓄是衡量一个国家和个人家底薄厚的重要指标,也是衡量一个国家和个人的底气所在。

钱作为生存要素,生活中样样都离不开它。

不知从何时起，人们喜欢上了透支，就是把未来的钱先花掉，等以后赚了钱再慢慢还。"月光族"的消费观念是，赚多少花多少，吃光用光，没有储蓄概念，以至于工作了很多年存款依然是零，甚至是负数。

痛苦的根源，很大程度上都与财务状况有关，特别是被钱所困的时候。作为当代"消费者"，有些人为了所谓面子追求高品质生活，盲目消费，为欲望埋单而导致收支不平衡的现象并不罕见。

我们曾引以为豪的勤俭持家的家风，在超前消费的浪潮中濒临瓦解。人们在"物欲"横流的世界里穿梭，难抵诱惑。可是，凡事皆有度，一旦盲目、过度消费，越过了底线，那么你面对的将是现实的无情和残酷。

生活的表面平静如水，实则暗流涌动。人有旦夕祸福，天有不测风云。一旦遇到家庭急需，自己却无能为力，纵然想帮但钱包却不允许。最让人痛苦的事莫过于，在你最需要钱的时候，却拿不出一分钱。若没有储蓄这个"援兵"，有时真的会被"一分钱"难倒，再厉害的英雄，没有钱也不行呀！

3

你所向往的所有美好，还需储蓄为你撑腰。

没有赚钱能力，却迷恋灯红酒绿，注定是一条不归路。

朋友圈里，经常看到这样的人，开着名车，住着豪宅，现实里却过着苦行僧般的生活。不计后果的超前消费，不但让自己不堪重负，甚至还会拖累一家人，使全家人的生活品质"硬着陆"。

今日有酒今日醉，看似潇洒，实则不然。不懂规划、恶意透支人生的人，总有一天会吞下苦果。

中国有一个很有意思的典故，叫作"人心不足蛇吞象"。借以讽刺那些自不量力，欲望很大的人。如果一个人执意去挑战那些超出自己能力范围的事，往往会给自己的未来埋下一颗痛苦的种子。

当你拥有的储蓄足以应对风风雨雨，就不至于在突如其来的意外面前猝不及防，自乱阵脚，在风平浪静的日子里居安思危，才能让你的未来更加从容淡定。

4

"我负责赚钱养家，你负责貌美如花。"这是一句哄女孩子开心的情话。一个人若断了收入，完全依赖别人的时候，那么她就失去了掌控生活的主动权，等于把自己的命运交给别人，一旦感情出现裂痕，难免会遭遇被动和委屈。

经历新冠疫情，人们突然明白了存钱的重要性。在那段至暗日子里，不少人没了收入，断了财路，宅在家里慌了神，真正体会到了什么叫坐吃山空。

对年轻人来说，如何合理消费是一门必须要学的功课，收纳好自己的欲望，摆脱攀比、虚荣心理，理性消费，掌握一些理财知识，避免盲目和浪费，一切都应以实用为原则。

人一定要有未雨绸缪的危机意识，因为天有不测风云，当你提前有了规划和准备，才不会在意外来临之时狼狈不堪，一败涂地。

当你酣畅淋漓地追求物质满足的时候，是不是也要考虑一下，你是否具备防患于未然的实力和超前消费的资本。

既然越冬，就该备足粮草，不然挨饿的那个人可能就是你。

希望你的人生储蓄罐每一天都有进账，而不是入不敷出。当你有了储蓄，就能从容应对人生危机；当你有了储蓄，就可以让自己过得更有底气。

"手中有粮，心里不慌"，是提醒，更是告诫。说白了，我们都需要安全感。

第四章

在路上，
生命的远行

经历即财富

1

人生因经历而丰富，因丰富而精彩。如果人生是一本故事书，那么经历就是故事内容。故事里的事，精彩与否，关键在于过程。

一切结果都是由过程创造的，过程决定结果，经历决定人生。

人生如一段旅程，最让人流连忘返的，不是终点，而是一路走来所经历的风景。

生命中的所有过往与曾经，不论其结果是好是坏，是喜是悲，都会给予我们成长的力量，带给我们顿悟和觉醒。虽然结局难料，但经历就是财富。经历像一块镶嵌在生命里的宝藏，值得每个人去提炼和挖掘，从成功的经验里和失败的教训里汲取成长的能量，助力自己的人生精彩呈现。

你走过的每一段路都会留下痕迹，这些痕迹决定了人生的丰富程度，精彩人生是一步一步走出来的，不走就是一片空白。当然，经历多并不等于经验多，比如做同样一件事，认真专注的人就比敷衍了事的人收获的经验多。有质量的经历才能收获高质量的人生。

经验的积累一定需要经历吗？答案肯定不是。人类文明是一代代人手持经验的接力棒传递而来，并不需要所有事情都亲力亲为。事实上，最应该避免的就是"非经历不经验"。除了搞科学研究，生活中的许多问题完全可以用"拿来主义"，因为历史本身就蕴含着丰富的智慧，这些智慧经过了反复的验证，具有很强的可行性、可靠性。

谈及经历，许多人会滔滔不绝，但真正的智者，从不夸夸其谈。他们总能从别人的人生故事里和自己成长的经历中淬炼出有益于自己成长的"经验之谈"，使之成为自己智慧的一部分，融入自己的竞争力，推动自己朝着更高的人生目标迈进。

尽管，经验的获取离不开经历，经历的丰富也离不开经验的协助和指引，但经历与经验并不能混为一谈，就像学过不等于懂得一样。

成长是一个积累的过程，但我们也要明白，数量不等于质量，经历多并不意味着经验多。你走过的路，做过的事，这些都是经历，但最终能不能变成经验，关键要看在实践中是否转化成有益于自己成长的能量。

一个人最大的价值，并不取决于你创造了多少物质财富，而是你的经历点燃了多少人的希望，你的经验为世界的更加美好贡献了多少智慧和力量。

经验诚可贵，但经验并非一定就是永恒的真理，很多经验过去是对的，将来却未必正确。社会在进步，经验也有弥补和完善的空间。我想说的是，理论到实践最好通过"辩证法"的检验，凡事不莽撞，不执拗，不自以为是，不刚愎自用，紧跟时代的步伐，想好了再出发。

2

经验是阅历的浓缩，是历练的总和。

漫漫人生路，因为有经验相伴，我们才不至于无助、慌乱。

说到经验，不少人都会想到正面的，积极的，甚至是引以为豪的东西，其实不尽其然，在经验的内涵里，那些曲折的、不堪的，甚至失利的、痛苦的，才是一个人"破茧成蝶"的主要推力。历经风雨而不倒的精神，才是我们立于不败之地的关键。

经历就是人生路上无法删除的烙印，不论好坏，它都会永远陪伴着你。

有人会说，我经历了一段至暗时刻，够痛苦的了，难道也能称之为财富吗？谈到成功，不少人都会想到鲜花和掌声，但事实上，每一份成功的背后都有不为人知的坚持与付出。只有熬过最黑的夜，才能迎来最耀眼的光芒。

失败是一种教训，同时也是一笔宝贵财富。可以说，所有成功都离不开失败的打磨和鞭策，不经失败考验的人生，不足以说成功。

失败的经历本身就是一种收获，这个收获可能是反思和总结，也可能是成长和进步。失败固然令人沮丧，但失败并不是世界末日，一次失败也无法给人生定性。就像拳击比赛，一招不慎并不能决定结果，只要你能站起来，比赛就会继续，你就有翻盘的可能。从获取经验值这个层面上讲，失败更容易收获，它带来的教训远比成功更深刻。

为什么有的人总是犯同样的错误？导致经验失效的原因是什么？大概是一成不变的思维模式，墨守成规，不知变通，在自以为是里执意逆行，最后在现实的"检验场"里碰了壁，吃了亏。人生路，需要与时俱进，顺潮流而动。

人非圣贤，孰能无过。即便一个人知识渊博，经验丰富，也不能保证他永不犯错。其实，许多知名人物往往都有一条屡败屡战的成长轨迹，在逆境中向上而生，在失败中绝地反击，当汲取到足够多的经验能量，便一鸣惊人了。

因此，不要把失败的经历定义为浪费时间，凡事只要敢于尝试，努力去做，或多或少都会获取经验。随着经验的积累，人生阅历也会同步叠加。

前进就会有未知的风险，但你要相信，所有的付出都不会白白浪费，当你经历起起落落，风风雨雨之后，你的眼界和格局就已与从前大不相同了。你的努力即使没有成绩，也会留下痕迹，而这些或深或浅的痕迹组成了你一生的轨迹。没有经历过失败的成功，是没有"成熟"的成功，就像一颗不成熟的果子，总缺少一些荡气回肠的滋味。

有时候，不是我们想去经历，而是我们必须经历，就像成长中的迷茫、懵懂、阵痛，是跨不过去的，只有经历过才会明白。

世界上没有真正的得不偿失，如果事与愿违，请相信另有安排。

人生没有白走的路，每一步都算数。你所跨出的每一步都是在为自己的人生大厦"添砖加瓦"。只要目标坚定，努力足够，总有一天你会站在最高、最亮的地方，笑谈过往事，尽在经历中。

经年的历练，让你从懵懂无知到成熟稳重，从不知所往到勇往直前，当你经历了岁月的冲刷、洗礼，渐渐明白人生就是一场挑战自我的旅程，沿着生命的轨迹蜕变、重塑、进阶，历经千锤百炼的考验，才能让自己光芒四射。

3

人与人之间，最大的不同，不是出身和背景，而是经历的天差地别。

不经一事，难长一智。经历越多，你洞察世界的本领就越强。

你走过的路，翻过的山，读过的书，看过的风景，都会伴随着记忆，融入你的灵魂，成就更加美好的自己。

精彩的人生内涵，一定离不开丰富的人生经历，把经历过的点滴汇集起来，浇灌成经验之果，无论它是苦是甜，都是生活的真实体会。

经历叠加起来就是岁月，我们要学会在经历中汲取使人生蜕变、升华的能量，让前进的脚步更加淡定从容。

有些道理，经历过才会懂得；有些教训，跌倒了才能记忆深刻。

父母苦口婆心给子女传授经验，说有了经验就可以少走弯路，可没有经历过，怎会懂得。有些弯路，非走不可；有些南墙，非撞不行。成长的这条路，没有替身，也不可能瞬间"脱胎换骨"。即使摔了跟头，撞了南墙，那又怎样？只是跌倒了千万不要怨天尤人赖在地上，拍拍身上的灰尘，站起来就是对自己最好的证明。

人生这段旅程，我们苦苦寻觅的是结果，还是过程？结果可能是一个肯定，也可能是一组数字，它是最后状态的一种表达；而过程则是结果的必要条件，没有过程就没有结果，所有的成败得失都是由过程决定的。

就像生命，迟早都会死亡，那生命的意义是什么？显然，过程决定价值，经历决定结果，你的人生经历了什么，就会收获什么。

经历多了，便能举一反三揣摩出解决问题的灵感；经验多了，便能运筹帷幄做出精准的判断。

催人成熟的，不是年龄，而是经历。就像烙饼，不经过翻来覆去的考验，终究不会成为脍炙人口的美食。人的成长，往往是阅历的叠加过程。成熟就是历经岁月打磨，感知人生冷暖，体会人生百味之后告别了潦草和肤浅，心态趋于平和，宠辱不惊，遇事不乱，学会了自己的路自己开拓。

人这辈子，最重要的收获就是把经历过的所有事打包，酝酿一场属于你的盛宴。

丰富的经历，构筑了饱满的人生。经历虽无法代表成就，却可以证明人生的丰富程度。经过的事，无论是否值得炫耀，它都是一段融进你生命里的往事。假如人生有几个关键点支撑，那么填充物就是经历了，经历让我们的人生变得丰盈、圆满和幸福。

你的每一次付出，每一次努力都会留下痕迹，剥去痕迹的表面，留下的便是经验，而经验随着时间的累积，最后都变成了人生的厚度。

当然，生活的本质不是盲目的积累，而是懂得选择，知道放弃。经历给予我们成长的力量，让我们懂是非、明事理，知道什么重要，什么不重要，在取舍之间抉择最适合自己走的路。

因为经历，所以懂得。人生就是一场经历了茫然挣扎，熬过了千辛万苦之后的顿悟和觉醒，把经历过的所有事聚集在一起，就是一束光，它会照亮你前进的路，引领你奔向诗和远方。

4

成功的背后，一定会有一段乘风破浪、勇往直前的成长故事，而故事的核心就是经历。

人只有历经岁月考验，才会从容淡定；只有身经百战，才能更胜一筹。

既有经历又有经验，会让一个人在机会面前，占尽先机。就像一场竞争激烈的面试，有类似的工作经历、经验，通常比未经人事，初入职场的人更具优势。

无论是在职场，还是生活中，经验丰富的人往往能获得更多的社会认可和机会，因为在我们的主观判断里，拥有经验意味着技能优势以及高效解决问题的能力。

所谓经验之谈，一定蕴含某种真知灼见的成分，但同时也无法避免认知的局限性和缺陷。人很容易被过去的"成功经验"困住，在"老生常谈"里兜兜转转，不知如何突破，甚至成为发展的桎梏和瓶颈。倘若你见多识广、经历颇丰，便可在人生的"经验池"里推陈出新，筛选出最适宜的解决方案和途径，冲破迷途，走出困境。

如何通过汲取经验使人成长和蜕变呢？这是一个考验人"吸收能力"和"消化能力"的命题。一方面，向有经验的人"取经"，通过学习内外兼修、增强补弱，汲取有益于自己成长的能量；另一方面，通过社会实践，检验认知的对错，归纳总结经验教训，把经验变成自己的能力，助力自己的成长和进步。

每一个故事都有一个答案，每一段经历都有一个收获。俗话说：好事多磨。你所期待的"好事"能不能"如约而至"，往往是由行动决定的。

积累经验，就如同一个滚雪球的过程，你不动，"经验的雪球"不可能自己变大。

实质上，人的蜕变需要一个过程，而回报也不会在你付出之后就会立即兑现。你要一步一步来，一点一滴去积累，当量变达到一定程度，自然会引起质变。

经历就是实践，实践出真知。假如，你要攀登一座高山，要问就问那些登顶的人，千万不要问没有爬过山的人。如果说理论是一份可供参考的指南，那么经验才是保障你成功抵达的制胜宝典。

再珍贵的经验，只有使用才能体现它的价值，否则只会在封存的记忆里凋零、遗忘。这就是为什么很多人守着经验的"金刚钻"，仍停滞不前。思想上固执、僵化，体现在工作上就是"吃老本"，陷入自我满足、不求上进的怪圈。

人要想活得有意义，就必须做一些有意义的事。不要让岁月只是沧桑了你的表面，你所遇见的人、经过的事和看过的风景，才是你多彩人生的内涵。

在过程中历练，在历练中蜕变，历经风雨的洗礼，你的生命才能焕发出勃勃生机。

5
———

人生成长，犹如一棵树，历经寒来暑往，风霜打磨，终有一日会被时光雕琢成熟。

既为逐梦而来，我们就要勇于追求、敢于探索，用努力的姿态汲取有益于自己成长的养料，用辛勤的汗水浇灌出属于自己的春华秋实。

真正的成熟是意识的觉醒，随着时间的淬炼和经验的沉淀，在岁月的长河里不惧风雨，志在千里之外。

　　一个人一旦有足够多的经验做后盾，自然会底气十足、信心倍增。经验，不仅让生活游刃有余，更会助事业蒸蒸日上。

　　如果说，经历是人生路上的一笔宝贵财富，那么，经验就是这笔财富的守护。它为你的人生保驾护航，让你经得起生活的考验，走得踏实、顺畅，不会因无知而慌乱，也不会因欠缺而遗憾。那些在经历中汲取的能量和营养，终将成为你阔步前行的资本，带你奔向最美的未来。

　　既然带着使命而来，就要不负使命而归。人不可庸庸碌碌而活，你要为世界的更加美好贡献一点自己的力量，你走过的路，经过的事为别人提供了借鉴和参考，你分享的经验对他人而言是一种启发和收获，那么，你就活出了自己的价值。

　　但愿，每一个追梦人，不负韶华，不负梦想，在经历中收获最宝贵的财富。

小心！别把创业变创伤

1

提到创业总让人怦然心动、跃跃欲试，在这个鼓励"大众创业，万众创新"的时代，如果不找个机会创业，似乎有一种落伍的感觉。

创业浪潮席卷大江南北，赶上好时代的弄潮儿按捺不住兴奋的心情，前赴后继地加入创业大军。几番商海沉浮，结果浮出水面，胜利只是少数人的狂欢，绝大多数都会丢盔弃甲，败下阵来。

居高不下的创业失败率提醒着我们，创业不易，想赢更难。

我的一个朋友，性格耿直，不善溜须拍马、阿谀奉承，在办公室争斗中身心俱疲，实在混不下去，干脆辞职了。后来，他把省吃俭用的存款悉数取出，外加父母的养老钱，开了一家餐馆，自己做起了老板。第一年理想中的大赚特赚，没有等来；第二年入不敷出，无计可施，不得不关门结业。后来，他讲起创业史，后悔不迭。本来是奔着发家致富而去，谁知竟落了个事与愿违的下场。他用"假设"告诉我，如果当初用这些钱投资一套房，恐怕如今早已升值了好几倍，但一次不成功的创业经历就让他血本无归。

我发现身边不少创业者，仅凭一腔热血，或者是一言不合就辞职创业，根本就没有一个积累和沉淀的过程，更没有才华横溢、一鸣惊人的独到之处，过于草率的开局，几乎预示着又一个悲凉的收场。

不少创业者认为创业很简单，只要有本钱，在写字楼或商业街租个房，装修一番，招几个人，就可以创业了，显然他们低估了创业的难度。隔行如隔山。即使再小的行业，也有壁垒和门槛，没有经验，只是看到别人做的好，就轻举妄动、贸然进入，最后只能是成功地把投资打了水漂。

开店也好，开公司也罢，在商言商，我们首先要考虑的就是盈利能力，只有赚钱才能活下去，才能进一步发展。一个没有盈利能力的创业者，很难在创业的这条路上行稳致远，当梦想被现实击垮，距离失败也就不远了。

对创业者而言，除了备好启动资金，必须考虑你所提供的产品或服务有没有优势，能不能被市场接受和认可，并最终通过你输出的价值来决定成败。

2

选择创业就相当于选择了无限可能，你可能从此华丽转身、逆袭成功；也可能事与愿违、一败涂地。

这个世界上，没有人甘愿平庸，干出一番事业，拼出一番成就，是多数人的梦想，而创业就给我们提供了一个成就梦想的机会。通常来讲，创业是一个人发现了一个商机，通过价值输出把自己的经营智慧演变成商业行为，从中获取利益并实现人生价值的过程。

如今，市场经济活力涌现，各行各业百花齐放，以至于越来越多的人把改变命运的希望寄托在创业上，希望用创业创造奇迹，逆袭人生。正因为创业门槛不高，仿佛每个人都可以来一场随随便便的创业，但无数结果证明，创业这条路并不会随随便便成功。

有人说，创业是一种做了后悔，不做更后悔的事。其实，让我们遗憾的不是此路不通，而是有一个机会摆在你面前，你却从未尝试过。如果想去商场搏击一把，证明自己的理想，那么市场就是检验创业者的战场。

在商铺林立的大街上走一走，你会发现不计其数的创业者用一间小店安身立命，他们既是老板又是员工，期待着步步为营奔向美好前程，可又有多少人拼尽全力也无法突破发展的瓶颈。想做好，却做不好是万千创业者的真实写照。

前些天与一个实体店老板聊天，他说如今生意难做，原本三家店铺，怎奈门市冷落，入不敷出，不得已转掉两家，只剩一家维持。从曾经的辉煌到现在的惨淡，能感受到他的失望和不甘。在市场环境今非昔比的当下，人们的消费习惯早已发生了翻天覆地的变化，大家通过手机便可以随时随地消费、购物，线上经济如火如荼，而不少实体店的生意却是每况愈下。如今，几乎所有的生活快消品都可以在网上交易，可以预见，实体店若失去了价格及服务优势，以后的日子将会更加艰难。汹涌而来的电商浪潮，改变了人们的消费习惯，也改变了市场格局，这显然不是某个人的功劳，而是这个时代发展的必然趋势。

与其站在原地怨天尤人，不如改变，唯有改变，才能变被动为主动。我也看到不少餐饮商家，线上线下两手抓，在门店销售下降的情况下，靠外卖也取得了不错的销售业绩。身处时代变革的风口，你是顺势而为还是一成不变？答案显而易见。

既然选择创业，就不能与市场对着干，你做的产品或者服务必须有人认可并埋单，当有了生存下去的机会，才有发展壮大的可能。不要过分强调你想做什么，而要清楚你能做什么，了解自己的长处，扬长避短，不墨守成规又坚持原则，唯有如此，才不至于被时代淘汰。

创业可以谈情怀，但绝不是一厢情愿想当然，若谈到了最后只剩下了空壳概念，恐怕连自己这一关都过不了，更别说打动见多识广的投资人了。没有实操能力，仅靠讲故事、卖情怀，显然无法成就一个成功的企业。

务实是创业之本，创新是创业之魂。我一直觉得，与其处心积虑找成功的捷径，不如脚踏实地做好产品和服务。产品和服务理应大于营销，营销只是辅助手段，好的产品才是最好的广告。倘若急功近利，本末倒置，在产品之外下足了功夫，用虚假宣传、假冒伪劣的东西忽悠消费者，把市场搞得乌烟瘴气，这显然无益于市场经济的健康发展。

　　创业不是一个兴趣班，你不能只做你喜欢的事，你要关注的对象是市场和客户，他们需不需要、喜不喜欢才是制胜关键。如果你一意孤行，执迷不悟，不把心思放在市场的真正需求上，那么，最后埋单的只能是你自己。

　　创业不是想当然，也不是把一个想法运作一下就能开花结果，更不是一种赌注，把幸运作为成功的砝码。

3

　　创业这件事，其实很多人是知道有风险的，冒着风险执意去做的原因，无非是不想让自己后悔，与此同时，也想用创业来证明一下自己。

　　创业需要激情，但千万不要把激情变成一时的心血来潮。冲动型创业是导致创业失利的主因，而缺乏理智和耐心，以及急于求成的心态，极易把创业推向风险的漩涡，难以自拔。

　　捷径，有时看起来像是一条策马奔腾的康庄大道，但实质上最为崎岖难行。在套路到处有的时代，如何避免落入创业陷阱，是所有创业者都必须认真思考的一个问题。如果有人给你兜售"不费吹灰之力"就可以赚大钱的法则，请你一定要保持警惕。要知道，即使有千载难逢的制胜良机，别人也不会轻而易举地告诉你。

　　不能说创业失败就一定是能力不足，但对自我认知的高估，以及盲目乐观和狂妄自大，更容易让人陷入被动。创业虽门槛不高，却并非适合所有人。对那些没有准备好的人来讲，打工也许不是最好的出路，但却是一个最佳的选择。

创业并非你努力了就会赢，你挥洒了汗水就会有收获，但每一次努力都会让你羽翼渐丰，每一次付出都会让你与理想更近一步。

真正的成功者身上都有一种不服输的特质，即使失败了也会选择重整旗鼓，卷土重来。就像一场体育比赛，经历挫折和失败，只会把他们磨炼得更加优秀和强大。有必胜信念支撑的人，才有机会成为最终的人生赢家。

其实，失败并不可怕，可怕的是一次失败就击垮了你整个人生，从此一蹶不振，失去了东山再起的信心和勇气。

一鼓作气抵达成功的彼岸，固然值得赞叹，但更令人钦佩的是屡败屡战、永不言弃的精神。失败是成功路上的"绊脚石"，同时也是成功路上的"垫脚石"。

4

每个时代都有每个时代的风口，但真正的幸运者一定是蓄势待发者，他们已做好了一切准备，"只欠东风"，只需借势发力，顺势而为，便可一飞冲天。

创业出了问题，唯一的责任人就是创业者。

成功有偶然的成分，但让你走得更远的一定有必然的东西加持。

当然，好的创业环境，也是创业成功的前提。如果创业的大环境不好，那么，失败就是大概率事件。导致一个人失败的，有时并非是能力欠缺，就像你把一个游泳健将丢到大海里，他同样也会无能为力。因此，我们千万不要仅凭信念就去横渡太平洋，这种挑战不是勇猛，而是无知。创业本身就不是一个一蹴而就的事，更不是想当然，自我感觉良好的理想主义者也往往是创业路上最先倒下的那批人。

商海沉浮，适者生存。不管你做何种生意，都应该专注于自己熟悉的领域，耐得住寂寞，经得起诱惑，守得住原则，而不是盲目地进行一场重蹈覆辙的豪赌。

在无限风光的背后，创业者却活得如履薄冰、战战兢兢。成功是每一步都要走得恰到好处，而失败只需一步走错，便是满盘皆输。

5

最理想的创业，无非是一种身体自由和财务自由双赢的事业，可一旦走上创业之路，便会发现，你所向往的所有美好，皆需付出代价。

我认识的一些创业者，不少人就属于"赢得起，输不起"，赢了欢天喜地，输了痛哭流涕。那些不考虑市场，不了解自己的能力便贸然行事的人，一旦栽了跟头，结局一般都比较惨。

如果，你向往一座高峰，可是你并不确定能否爬上去，你要做的不是轻举妄动，先衡量一下自己的实力，或者找一个有经验的向导，这样你成功登顶的机会才会大增。记住，一切不计后果的出发，都会为自己埋下失败的伏笔。

创业就是绝望中夹杂着希望，让人欲罢不能。一边说着创业不易，一边抱着侥幸心理，说服自己的答案只有一个，那就是万一成功了呢？

创业如同下海，当你跳下去之前，你一定要搞清楚自己是否深谙水性。

为什么说创业者一定要有前瞻性和风险意识？因为就算遇到不好的结果，有前置的预案兜底，也不至于走投无路。

创业不易，为了让创业之路行稳致远，也为了努力不白白浪费，你必须做好以下四个方面的功课：

①行业选择。选择行业是开启创业的第一步，也是决定创业成败的

关键。入错行是一件最要命的事，即使发现错了，想从头再来也是要付出代价的。因此，在创业的调研准备阶段，对行业的选择，务必要慎之又慎。你不仅要考虑是否具备优势，更要客观地分析、评估行业的发展前景。

②团队搭建。企业的竞争，本质上就是人才的竞争。对初创公司来说，不是"小庙找大神"，而是用合适的人。因为合适的人做合适的事，才能发挥人才的最大优势。不要迷恋大咖，如果角色不匹配，就是对人才的最大浪费。

③商业模式。最好的商业模式不是为了取悦投资人，也不是"物有所值"，而是"物超所值"，你所提供的产品或服务能让社会变得更加美好和便捷。对创业者来说，只有情怀显然是不够的，你必须要有把情怀变现的能力。

④资金管控。资金是一个企业的命脉，更是维系企业发展的核心要素。企业最怕账上没钱，一旦资金链断裂，除了运营受限，人心也会涣散。

创业是一门实战课，一切理论都不过是"纸上谈兵"，唯有"知行合一"，才能在创业的浪潮里乘风破浪，游刃有余。

6

在这个商机无限的时代，一切皆有可能。蜂拥而至的创业者，有的人从中尝到了"甜头"，屡创佳绩；有的人前功尽弃，吃尽了"苦头"。

千篇一律的创业思路，如出一辙的创业模式，大同小异的创业项目，在同质化严重的背景下，创业变成了一场竞争激烈的角逐。

我一直认为，冒进主义者对创业大环境的提升没有带动性，相反是一种拖累，因为它占用了资源，增加了浪费。无疑，创业低门槛增加了市场活力，但同时也使得整个创业队伍良莠不齐。为利益恶性竞争，为生存不择手段，不少创业者放弃对技术创新的追求，却热衷于急功近利，投机取巧，对自己所输出的价值缺乏前瞻性认知，使得创业市场的生态系统仍徘徊在一个低水平的状态。

当今社会，不缺说干就干的冒险精神，缺的是政策性引导，以及规范创业者之间良性竞争的制度。为了避免大量的人力和财力浪费，我们要理性创业，支持有创业条件和能力的人成为创业者，整合社会资源，深挖创新潜质，引领创业效能向更高的水平迈进。

随着新技术和新应用的推陈出新，市场格局发生着颠覆和迭代。创业者除了要顺应时代发展大势，把握发展良机，更要志存高远、勇于担当，做一个时代的贡献者和开拓者，造福社会，实现自我价值。

创业有风险，投资需谨慎。同时我们也知道，机遇和挑战是共存的，如果你蓄势待发，已万事皆备，那就开始吧！祝你好运！

人生，
顺境和逆境交替进行

1

人生有五彩斑斓的梦，亦有无情编织的网。在跌宕起伏的人生故事里，每一个主角都将会经历一段喜忧参半的旅途，有时平坦，有时坎坷，顺逆交织，得失相半。

顺境如顺水行舟，汇集了诸多天时、地利、人和等有利因素，一帆高挂，扶摇直上，一派生机勃勃的景象。与顺境不同，逆境是一段艰难的路程，顶风而行，逆流而上，伴随着的是失败、挫折和不幸，置身其中步履维艰、叫苦不迭，人人唯恐避之不及。

在很多人眼中，逆境是失败的象征，但其实，逆境是人生最好的历练。人这辈子，没有永远的春风得意，也没有永远的祸不单行，再不幸的人也有顺境，风水轮流转，以此推算，幸运之神有时也会摊上倒霉事。人生的公平之处在于，每个人都会收获幸运和美好，只不过有的人没有发现或不去珍惜罢了。

漫漫人生路，有顺境，也有逆境；有巅峰，也有低谷。顺逆交织是一种常态，更是一种不可或缺的人生体验，它们分别占据着人生路上的某些时段。我们需要做的是顺境不忘乎所以，逆境不心灰意冷，要经受逆境的考验，同时，也不要把顺境荒废、蹉跎。

人生就是一场历练，在逆境中打磨，在顺境中收获。

历史上，不惧逆境打击，逆流而上的案例不计其数。司马迁遭宫刑，在逆境中完成历史巨著《史记》；越王勾践，用二十年卧薪尝胆，一举灭掉吴国；吕不韦贬谪蜀地，才有流传后世的《吕氏春秋》。

孟子有一段经典名言："故天将降大任于是人也，必先苦其心志，劳其筋骨，饿其体肤，空乏其身，行拂乱其所为，所以动心忍性，曾益其所不能。"而在"生于忧患，死于安乐"的谆谆教诲里，你会明白，逆境是磨炼意志的重要场所，而强者的特质里一定少不了千锤百炼、积极求变、奋发有为的思想光芒。

清代思想家魏源说过一段颇有争议的话："逆则生，顺则夭矣；逆则圣，顺则狂矣；草木不霜雪，则生意不固；人不忧患，则智慧不成。"他认为只有逆境才能成才，多难才能兴智，虽说这番言论有一定的片面性，不过从锻造人性的角度上看，低谷期更能激发人的意志和潜力，而你的心智，经过逆境打磨必将变得更加强大。

平坦的路，只能带你领略普通的风景，而那些坎坷路，难行的崎岖路，尽管少有人走，但只要你坚持走下去，就能看到不一样的风景。成长路上的一切考验和磨难，都是为了蜕变，让你的人生变得更有光彩。

2

前几年流行一个词叫"逆袭"，之所以流行是因为开挂的人生着实让人心动，因此，大家都挖空心思琢磨着如何逆袭。

媒体上曾多次报道北大保安逆袭成功的事迹，几乎变成了草根逆袭的经典案例，以至于一些有志青年千里迢迢赶到北大，应聘北大保安，希望在此迎来命运的转机。当然，北大保安人数众多，真正能实现身份逆袭的只是少数，但是，百年名校的校园文化以及学习氛围，都为逆袭成功增加了可能性。有志者事竟成，对于怀揣梦想的年轻人来说，环境有利于茁壮成长，但决定其成就的一定是自身的勤奋和努力。

也许，顺境有运气的成分，但好运往往也是由勤奋和努力换来的，不努力的人，好运注定无法与他产生交集。这个世界上从来就没有随随便便的成功，成功的背后，往往藏着不为人知的辛勤和汗水，你想要什么样的生活，终究是你自己决定的。

作为一个足球迷，让我们津津乐道的不仅有绿茵场上的巨星，还有身处逆境不认怂，敢于拼搏、勇往直前的奋斗精神，特别是比分落后时的绝地反击、永不言弃，更是令人热血沸腾。人生如赛场，战胜对手需要勇气，更需要实力，在我们追求后来居上的时候，一定要具备自我超越的能力，如此才能为自己争取到反败为胜的良机。

人最难能可贵的是，身处被动不消极，不逃避，迎难而上，全力以赴，用一种不服输的精神，去开创自己想要的生活。

有一句话说得非常好，人的成长几乎都来自舒适区之外。毫无疑问，逆境不在舒适区之内。

逆境是成就一个人的最好战场。武侠小说中，一个高手的诞生必然离不开一段百折千回的逆境。开挂的人生同样如此。不经大浪淘沙般的洗礼，又怎能横空出世？逆境，并不是失败的象征，恰恰相反，逆境是一种最好的赋能，为你一飞冲天提供了更多的可能。

很多时候，人生路上，历经千辛万苦的那一程，就是通往成功前的一段热身。

草根变凤凰的故事总让人激动不已，但真正的逆变者却寥寥无几。多数人一辈子也不会实现，原因很简单：他们只会夸夸其谈，只说不练，却不知，所有梦想都需要付诸行动才能实现。

成功是用汗水换来的，顺境是努力耕耘的结果，再难走的路，只有你迈开脚步，才能闯出一片属于自己的天地。

在风雨中跋涉，注定不会轻轻松松，伴随其中的苦与累、艰与难，正是你逆风飞扬，触底反弹的资本。经过了那段最难的考验，相信你一定从中汲取到了足够的经验教训，而有宝贵经验加持的你，想必也一定储备了更多让你厚积薄发的能量。

成功令人向往，当我们仰望那些逆袭成名的社会精英时，你是否可以理直气壮地告诉自己，我也曾像他们一样为了人生梦想而拼搏过、奋斗过。虽然，努力也许事与愿违，但你的付出一定不会白费，只要你咬定目标不放松，执着于行，终究会有所收获。

人生赛场风云变幻，即使输掉了上半场，也不必垂头丧气，你要做的是汲取经验，擦干眼泪，重整旗鼓，蓄势再战。

3

人生如河流，不经九曲十八弯的考验，难以走远。

人间没有不弯的路，世上也没有径直的河。尽管，每个人都希望自己的人生一帆风顺，畅通无阻，但实质上，风风雨雨，潮起潮落才是人生常态。

既已上路，难免会遭遇曲折与坎坷，也注定会有逆境需要跋涉。

总有一些人认为，富贵由命天注定，从而躺平把自己活成了随便，轻而易举便屈从了"命运的安排"。还有一些人，不信邪，不认输，百折不挠，向上而生，最后绽放出了不一样的烟火。

努力意味着不能随心所欲，不能虚掷光阴，更不能日思夜想玩游戏。为成长赋能，的确很辛苦，但你不吃努力的苦，就要吃生活的苦，而生活的苦往往伴随着的是一辈子的难。孰轻孰重，你要认真思量。如果你不希望自己将来活得过于悲凉，就要拿出浴火重生的勇气和决心，勇往直前，奋发向上，用努力的姿态为生命赋予能量，这样才能改变窘境，逆袭人生。

漫漫人生路，逆境是无法规避的一程，它可能是不幸的突如其来，也可能是一步走错后的满盘皆输，还可能是交友不慎时的人为倾轧。人生没有百分之百的顺风顺水，所有精彩都是逆风中的茁壮成长。

令人敬仰的"南非国父"曼德拉，其一生可谓是跌宕起伏。从名门望族到政治领袖，再到被人诬陷沦为阶下囚，入狱27年的他并未放弃希望，出狱后被推举成为南非首位黑人总统。

在逆境中沉沦的，是普通人；在逆境中爆发的，才是人生赢家。每一段光辉灿烂的人生故事里，一定少不了逆境这条主线，几乎所有的成功案例背后都有一个失败的故事铺垫。爱迪生经历了一万多次失败后才发明出了灯泡；双耳失聪后的贝多芬仍谱写出了大量乐坛华章；坐在轮椅上的科学奇人霍金成为现代宇宙学的奠基人。上天不会把一个人逼到死胡同，即使为他关上了一扇门，也会为他悄悄打开一扇窗，因为天无绝人之路。

尽管，逆境会让人崩溃，但并不是无路可退，让你跨不过去的往往不是逆境本身，而是看不到希望。只要希望在，机会就在，就有可能。希望就像一粒种子，前期只是悄无声息，只要你愿意耕耘、浇灌，它就会不断成长，直到结出累累硕果。

有道是："山重水复疑无路，柳暗花明又一村。"我们每个人的一生都可能遭遇无路可走的阶段，也可能会品尝到"四面楚歌"时的无奈和心酸，但只要你不放弃，敢于和逆境抗衡，相信自己就一定能走出困境。

人生没有过不去的坎，如果有那是因为你根本就没有打算出发，再难走的路，只要你步履不停，终究会找到属于自己的路。

4

  黎明前的黑暗极其短暂，而你所期盼的奇迹，总是在厄运中酝酿、发生。

  漫漫人生路，风雨兼程，一波三折，不管扬起的是顺风还是逆风，其实都是生命里本该有的千姿百态。

  最好的风景，不是风平浪静，而是扣人心弦的波澜壮阔。有苦有甜是生活，有起有落是人生。你可能会登上风光无限的巅峰，也可能跋涉于沟壑泥泞之中。逆境，是人生路上的必然挑战，跨过去，才能踏上属于自己的康庄大道。其实失败并不可怕，可怕的是跌倒后没有勇气重新再来。你若怨天尤人赖命运不公，那么，你可能永远都走不出逆境。

  事实上，人们对生活驾轻就熟的能力，往往来自逆境的锤炼和打磨。

  你会不会感谢曾经度过的那段艰苦岁月，当你熬过了最难熬的日子，一回头才发现，让你快速成长的，正是那段逆流而上的时光。但凡历经逆境考验而不灰心的人，一定比那些顺风顺水的人更能经受打击和挫折，而这也正是一个人能够逆风翻盘的优势所在。

  希望的曙光，总在逆境的尽头。当你克服恐惧，闯过了那个最难闯的关，再遇艰难与险阻，恐怕就不会害怕和慌张了，而淡定从容的你，也就更容易收获成功和幸福。

  最好的修行，往往存乎于逆境之中。如果一个人不曾遭遇过逆境，总认为成功如此容易，那么他在未来陷入困境的概率则会大增。

  不经风浪的侵袭，永远无法感知大海的波澜壮阔；不经岁月洗礼，也永远无法沉淀出人世间美好的芳华。

  身处逆境，不管你是迎难而上，还是急流勇退，都不要忘记自己的初心与梦想，即便失败，也应该让经历为自己赋能，待时机成熟，再重新启航。无悔的经历，必然造就灿烂的一生。

生活中的高人，皆能顺不骄，逆不躁，把经历中的点滴汇集成人生智慧，把生活过成了波澜不惊的样子。

人生如流水，不遇礁石，难以激起心潮澎湃的浪花。你所遭遇的每一段逆境，都是一种考验，它会把你磨砺得更有底气，更有实力。

5

这个世界上，越是想走捷径的人，最后往往绕行的路越远。一个人若处心积虑找捷径，急功近利求成功，那么，他必然会走得匆忙、慌张，从而忽略精雕细琢的匠心和持之以恒的毅力。

在逆境中保持淡定，恐怕也不是一件容易的事。不管你寻求解脱的念头多么强烈，都请你不要做傻事，再难走的路也有尽头，再黑的夜也会迎来曙光。信心在，希望就在，只要不放弃，就一定有奇迹。

人生就像是一首顺逆交织的交响曲，抑扬顿挫、有高有低，才能谱写出一首动人的旋律。

天无绝人之路。只要你迈开探索的脚步，一切艰难险阻都会给你让路；只要你扬帆启航，自然会迎来八面来风。

如果你误入歧途，那顶多算是一种失误，你完全可以抽身而出，从中获得经验值，提醒自己不再走那条路就行了。

身陷逆境，最忌唉声叹气、怨天尤人，即使困难重重也不要失去向上攀登的勇气，努力才能为你带来好运。

有的人习惯性把人生的不如意归咎于逆境，认为倒霉的"果"总有一个糟糕的"因"，常常使用因果造句，其实说了半天就一句话，不是他的问题，不堪的现状与自己无关。

其实，真正羁绊你的，不是当下的逆境，而是你自己的思想。人一旦打通了思想上的"任督二脉",便会呈现出不一样的自信和力量,这种力量会激发你的潜能,赋予你勇气和智慧,助你进步和成长,让你变得更加强大和卓越。

可以说,人生这场长途跋涉,没有上半场的负重前行,就没有下半场的岁月静好。

愿你顺境不得意忘形,逆境不垂头丧气,以胜不骄,败不馁的定力坦然面对人生的潮起潮落,在起落沉浮之间体验这场玄妙的旅途。

走捷径的人，
抵达了吗？

1

这个世界上有捷径吗？

有人笃信不疑，认为世界上确有捷径，不然怎会有人可以快人一步。还有人心有疑虑，原因在于道听途说，或被某一"鸡汤"迷惑，不明就里，人云亦云；抑或吃过"捷径"的亏，本来想抄一条近路，结果却兜兜转转绕行更远。

有人说，捷径是一条最远的路。对于一个急功近利、投机取巧的人来说，一切以"速成"为出发点的奔赴，最终都可能绕行更远，还可能有"翻车"的危险。

然而，捷径并不是一条"歪门邪道"，更不是人生路上令人闻风丧胆的陷阱。就像一道题，明明有更快捷的解答方案，可你偏偏拐弯抹角绕一个大圈，在你不得其解，抓耳挠腮之际，别人可能早已交卷离场了。如果是一场较量，你如何赢得比赛？

对正常人而言，做事不墨迹、不绕道、不舍近求远是生存常识。

假如有两条路，一条路朝发夕至，径直抵达；另一条山路十八弯，以至于需要你跋涉好几天。试问，你选择哪一条？

显然，捷径更有优势。

人们为什么喜欢走捷径？归根究底，是因为捷径是一条最快的路，也是一条最让人省力的路。

2

我们策马扬鞭，一路驰骋，无非是想捷足先登，名列前茅。

一切迫不及待的诉求，都是为了实现一个立竿见影的效果。匆忙的脚步伴随着迫切的心情，满世界寻找快速通道，但有一种声音提醒我们还不够快，于是搬出"捷径法则"和"效率法则"教我们如何更快。

置身于社会之中，不安分的人蠢蠢欲动，寻良机，找攻略，想快速地拥有财富、地位、爱情、权力，希望自己早一天步入人生"快车道"。在学习上，希望看最少的书，得最高的分；在工作上，希望做最少的事，拿最多的钱。殊不知，追求成功的路上，很难一蹴而就，也无法增设一个"快进"按钮。

事实证明，那些急于求成，整日琢磨一步登天的人，并不会因急切就快人一步，相反，没有实力支撑的跨越，迎接他的不一定是成功，很可能是一个跟头。反观那些靠着稳健步伐，一步一个脚印，沿着既定目标笃行不怠的人，却走出了华丽的人生。

凡事操之过急，只会欲速则不达，行稳才能致远。要知道，这个世界上最不靠谱的事就是，用最少的努力去换最大的回报。真正成功的人，从不把精力用在旁门左道上，因为他们知道，成功没有他途，唯有努力才能成就自己。

不积跬步，无以至千里；不积小流，无以成江海。成功来自积累，无法一挥而就，也不可能瞬间抵达。不要着急一步登天，也不要迷恋一夜暴富，踏踏实实耕耘自己的人生，才能开花结果。

电视剧《搭错车》里有一句经典台词："人生没有捷径可走，横着省下的路就会变成竖着的坑儿，早晚都要经过。"

不要处心积虑走捷径，一切以速成为目标的追逐，最后往往会让你偏离正道，绕行更远。捷径不一定代表少走弯路，但一定会消耗你更多的能量，因为，所有成功的背后都有千锤百炼的考验，需要智慧和实力才能抵达。

3

出发点不端的捷径，非"邪路"莫属，之所以被人们诟病，原因在于它滋生了许多急功近利，投机取巧。

不少人把改变命运的希望寄托在了走捷径上，把满腔热情用在了不该用的地方，最后的结局不但无法令人满意，反而，事与愿违，得不偿失。

在速成的企图里，追求"一夜暴富"是一种不符合自然规律的妄念。

我们常说，十年树木，百年树人。

成长的本质其实就是一种耐心，唯有摒弃浮躁和焦虑，耐得住性子，不着急，才能汲取到更多的人生精华。

然而，这个世界上总有一些人等不及，他们整日盼望着时来运转，邂逅"贵人"，别人走了很久的路，他总想一步到位。对于多数人来说，追求一夜暴富，一步登天的快速成功不现实，也不实用。与其把命运交给"天意"，不如踏踏实实专注于当下，打好人生基础，把自己磨砺出锋芒，如此才能成就不凡。

一个不务正业，投机钻营的人，总有一天会搬起石头砸自己的脚。这个世界上根本就没有不劳而获、坐享其成，穷人睡一觉变富翁的故事，几乎纯属虚构，十有八九都是杜撰而来，并不真实。

如果你愿意稳扎稳打，步步为营，人生最坏的结果，不过是大器晚成。

欲速则不达，人生急不得。若你处心积虑执拗于捷径，则会顾此失彼，荒废掉本该专注于学习、打磨自己的时间，最后只留遗憾在心中，悔不当初。

4

一切疾行的脚步，都无法踏出捷径来，只会给你一个凌乱的未来。

人在江湖，看别人意气风发，鲜衣怒马，而自己眼前除了生活的苟且，还有一地鸡毛，你会不会倍感焦虑？为了不落下风，为了赢得漂亮，以及在动不动就想超越别人的念头里，似乎只有走上捷径，才能让自己扬眉吐气。

抄近道，并非不可，但若机关算尽，自作聪明，可能就会被聪明所误，成为急功近利的牺牲品。

在错综复杂的人生路线图里穿梭，你会发现，最近的未必先达，而绕行却有可能快人一步。平面上，两点之间，直线最短，而在现实中，很多时候"曲线"前往，最先到达。

就像一条奔腾不息的大河，弯弯曲曲才能汇集更多的支流，才能让奔流而去的力量倍增。这是大自然的智慧。

我们所看到的大型跨海大桥，几乎没有一条是直线的，直线不是最短吗？是最短，但不是最好的。建筑学里的曲线原理，首先考量的是安全性和稳定性，而不是距离。

世界上有太多的事情急不得，也有太多的路无法一步跨越，需要你用耐心沉淀，用持续的努力开拓，若条件成熟，自然会水到渠成。

凡事皆有规律可循，人的成长亦是如此。若抛弃规律，该走的路不去走，该做的事不去做，只顾钻营捷径，其结果只能是适得其反，欲速则不达。

市场的反映总是极其敏锐，针对大众对"走捷径"的偏爱，不失时机地推出各种快速成长训练营,并且打出极其响亮的广告,诸如"21天教你写作变现,月入上万";"十天瘦20斤,速变女神";"99元突破思维的极限,逆袭人生",等等。

对于涉世不深的捷径崇拜者来说,这些广告就像是救命稻草,还不曾学习,就开始盘算着不一样的人生了。当你报名以后才发现,这些所谓成功秘籍,只不过是一些极其浅显的道理,看似正确,实则都是一些平淡无奇的东西。

人们执着于速成的原因,无非是投机取巧的心理作祟。殊不知,世界上最难走的路就是"捷径",看似能让你快速抵达,其实在风平浪静的背后却是暗流涌动。

偷来的巧是最大的拙。不走正道,只会误入歧途。如果你剑走偏锋,急于求成,无异于采摘那些没有成熟的果实,留下的只能是满嘴苦涩的滋味。

你若凌驾于规则之上,做踩踏、逾矩之事,或揠苗助长,急于求成,最终都会付出惨痛的代价。

有人说,世界上最快的成功早就写在了刑法当中。你胆敢动用歪门邪道等非法手段敛财、赚钱,迟早有一天会受到法律的制裁,到时再后悔就晚矣。

在喧嚣的世界里,最难得的是耐得住寂寞,经得起诱惑,学会选择,懂得取舍。凡事不图一时之快,切莫操之过急,守住自己的本心,不逾矩,不苛求,不焦躁,放慢脚步,安然而行,如此才能走得踏实和从容。

5

世界上,有天分的人很多,但耐得住性子的人却很少。

自持聪明者，整天盘算着如何将自己的痛苦和付出最小化，又如何将自己的快乐和享受最大化，如果做一件事不能马上收获鲜花和掌声，便会心急火燎起来。着急抵达的念头此起彼伏，步子迈得也越来越大，奈何实力不足，最后只是空欢喜一场。

生活中总有人想法不少，可是让他拿出行动方案去实施的时候，往往就不了了之了，这样的人能成功吗？我看很难。想法只是停留在脑袋中，在梦想王国里闭门造车，终究也无法造出什么名堂来。

做人做事，最怕眼高手低，只说不练。即使再近的路，再小的事，你不去行动，终究还是一场空。

有两类人最热衷于捷径，一类是懒惰之人，另一类是耍小聪明者。人都有惰性，如果条件允许的话，我相信每个人都会选择一份事少钱多的工作，最好是那种能躺赚的。只是，这个世界上根本就没有不劳而获，也没有不付出就有超值回报的好事，一切忽略过程的耕耘，注定无法开花结果。

我们身边从来就不缺聪明人，可惜的是，有的人走着走着就剑走偏锋，遁入了世俗迷途，本来有机会成就一番事业，却因过分迷恋捷径，跌入了功利编织的圈套。

正如守株待兔的典故，"侥幸取胜"是一条不归路，走了一次，还会想下一次，总以为这就是一条通往成功的捷径。与其挖空心思寻"抄近道"，不如脚踏实地，步步为营来换取自己想要的未来。

人生成长，有其规律，是一个循序渐进的过程。你想成就不凡，有聪明才华、高等学历和强大背景固然好，没有也不必失望。只要你积极进取，永不言弃，总有一天会抵达你想要去的任何地方。

人生从来就没有免费的午餐，你想要的一切，皆需努力来换。

成功是逼出来的

1

从小我就是一个小说迷，尤其痴迷武侠小说，而在武侠的世界里我最喜欢看的就是金庸先生的作品。

记得小时候我读的第一部小说就是《射雕英雄传》，看着看着就上瘾了，以至于到了废寝忘食的地步。也许，每个少年心头都有一个英雄情结，童年最快乐的事就是陶醉在武侠编织的世界里，那极具画面感又刺激惊险的故事情节，以及唯美的文字都深深吸引着我。因为武侠小说，我知道了金庸，在童年的印象里，觉得他就是武林高手，绝世大侠。

长大后，才知道温文尔雅的"金大侠"并非武林高手。金庸原名叫查良镛，曾在上海《大公报》、香港《新晚报》从事电讯翻译、编辑工作。1955年2月初他所在的《新晚报》编辑向他紧急拉稿，说报纸广告已经刊出，约稿作者因事顾不上，必须有一部武侠小说填补空缺，写稿之责落在他头上。而在此之前查先生从未写过武侠小说，甚至连小说都没有写过，感觉这个任务实在难以胜任，便婉言谢绝了，可又架不住他们的劝说，没办法只好硬着头皮先答应了下来。

2月7日，发稿的日子到了，报社编辑派了一个老工友上门取稿，当晚9点之前无论如何也要交出一千余字的稿子，不然明天报上只能留一块空白了。老工友的形象颇具古风，触发了他的创作灵感，于是他便从塞外古道上一个"年近六十，须眉皆白，可是神光内蕴……"的老者写起。查先生后来说："如果一开始写小说就算是文学创作，那么当时写作的目的只是为做一件工作。"2月8日，《书剑恩仇录》在《新晚报》开始连载，查良镛正式署名金庸，每天一篇，直到1956年9月5日，共连载了574天。从此金庸横空出世，在武侠的世界里"舞刀弄墨"，一举成名，且成功得空前绝后。

谈武侠小说，金庸的成就无出其右，17年，15部优秀的武侠作品，用扎实的文学功底树立了自己的江湖地位，成为当之无愧的一代大师。

若当初没有编辑的催逼，会有后来的金庸吗？这很难假设。但有一点可以肯定，逼你前进的，往往都不是什么坏事。

很多时候，人的潜能都处于一种潜伏状态，不逼自己一把，自己都不知道自己有多优秀。

2

"舒适区"里走不出真正的优秀，所谓成功，往往都是逼出来的。

人都有避难就易的天性，面对困难常裹足不前，这时就需要拿出信念的鞭子挥一挥，或者借助别人的手推一推。就像学游泳，推你一把的人，不一定就是害你，相反，他可能是在帮你克服恐惧，助你一臂之力。

你是否还记得曾经逼过你的人，只因他们当初不留情面地逼迫，才成就了如今优秀的你。也许，那时年少无知，不理解他们为何如此严格，甚至还痛恨过他们"下手太狠"，但随着年龄增长，终有一天你会明白，逼你坚持，逼你努力的人，才是你生命中的"贵人"。

近年来，"快乐教育"理念受到了不少家长的热捧，支持者众，认为玩是孩子的天性，父母不应该逼孩子做不想做的事，应该给孩子创造一个快乐童年。玩的确是孩子的天性，但并不意味着，家长可以放任孩子一直玩下去。在孩子的世界里，没有那么多的条条框框，他们很难把握玩和学习之间的界限，当学习被贪玩耽误时，成绩自然受到影响。虽然好成绩并不等于好未来，但在学习的年纪无法专注和自律，那么长大以后只会被社会逼着付出更多。

父母是孩子人生的引路人，在孩子意志动摇时，有必要伸手扶一把；在孩子贪玩时，也有必要及时提醒一下。望子成龙，望女成凤，是每一个父母的心愿。付出才有回报，逼孩子在该努力的时候努力，才不至于在以后的人生路上走得费力。

多年以后，当孩子取得辉煌的人生成就时，我想，他一定会感谢你曾经逼他做过的功课。

不逼自己一把，你永远都不知道自己的极限，而敢于挑战自己的人，才能把人生的诸多"不可能"变成"可能"。

逼自己迈开脚步，再长的路，也有终点；逼自己马上行动，再难的问题，也总会有破解的方法。

既然你向往远方，就不要让梦想之舟停泊在原地，扬起奋斗的风帆，克服恐惧，勇往直前，才能抵达成功的彼岸。

3

世界上最好的激励，不是别人逼你，而是自己逼自己。

有人逼你固然好，若是没人逼你，就与自己死磕到底。

有时，不是你不够优秀，而是你对自己不够狠。想早睡，手机太有趣；想锻炼，时间不允许；想学习，无聊至极。虽然，想改变的念头此起彼伏，但就是缺乏"临门一脚"，庸庸碌碌许多年，人生毫无建树。

其实，我们也知道问题出在哪里，奈何已习惯了"做一天和尚，撞一天钟"，随心所欲看似很爽，却也给未来埋下了许多遗憾的伏笔。

有一句话这样说：你永远叫不醒一个装睡的人。真正能唤醒一个人的，不是突如其来的闹钟，而是刻在骨子里的自律。自律的人，就是能管住自己的人。想偷懒的时候，想想努力的意义；想放弃的时候，逼自己再坚持一下。

人与人之间的差距，往往不是一下子拉开的，而是有一个日积月累的过程。曾经的同学、同事，当初几乎处在同一条起跑线，多年以后，彼此间的人生境况早已大不相同。

如果说，成功者有一个被逼无奈又屡败屡战的曾经，那么失败者一定会有一个得过且过又不知悔改的现在。

平庸者之所以平庸，原因在于他们做的事都是平庸之事。你想鹤立鸡群，就要有卓尔不群的资本；你想崭露锋芒，就要把自己历练得闪闪发光。

如果，一个人从未攀登过高峰，那么他无论如何仰望，也无法欣赏到山顶的风景。一个从未挑战过自己的人，想成为人群中的佼佼者，那只是痴人说梦梦。

敢不敢向有难度的事发起挑战，是一个人能否逆袭成功的关键。

逼自己，就是不留退路，全力以赴。

《史记·项羽本纪》中有一个著名的典故，叫作"破釜沉舟"。公元前207年，项羽的起义军与秦将章邯率领的秦军主力部队在巨鹿展开大战。项羽不畏强敌，引兵渡漳水。渡河后，项羽命令全军："皆沉船，破釜甑，烧庐舍，持三日粮，以示士卒必死，无一还心。"下定决心斩断后路，果决出击，巨鹿一战，大破秦军，项羽威震诸侯。"破釜沉舟"是一种军事战略，体现的是一种置之死地而后生的精神，把自己逼上绝路，临危不惧不乱，最后创造了以少胜多，绝处逢生的奇迹。

很多时候，羁绊我们脚步的，不是前途未卜，而是退路太多。有的人一遇此路不通，不是看看旁边有没有出路，而是直接打道回府。总是在想不是有退路吗？何必为难自己呢！于是便理所当然地退回原点。一次又一次地无功而返，锐气也被消耗殆尽。

如果，你想让别人对你刮目相看，就要敢于向困难"亮剑"，把自己磨砺得更有锋芒，才能脱颖而出，惊艳全场。

在人生舞台上，每一个闪亮登场的背后，都少不了台下默默的历练和付出。一切好成绩都不会凭空而来，当初若没有早起、自律、努力，恐怕你梦寐以求的学校、工作、生活就会与你失之交臂。

逼自己更上一层楼，当你站上了更高的位置，就会发现，人生风景高低各不相同。你若想与最好的自己相遇，请不要忘记，逼自己努力。

努力是进步的阶梯

1

人生，只有努力，才有收获；只有耕耘，才有结果。生活的回馈，往往不在努力之前，而是在努力之后。你下的功夫越深，得到的回报就越大。

俗话说：台上一分钟，台下十年功。如果你想得到这个世界的认可，就必须拿出惊艳全场的"真功夫"。唯有功夫深，才能演绎一段精彩纷呈的人生佳话。实力是一个人最彪悍的通行证，同时，也是让世界与你和颜悦色的最好方式。

努力是进步的阶梯，只要你一步一步往上爬，一点一滴去积累，总有一天会站上最耀眼的地方。

唯有努力才能不负韶华；唯有努力才能成就人生奇迹；唯有努力才能活得更有底气；唯有努力才能遇见更好的自己。

有朋友告诉我，他勤勤恳恳工作，生活依然不温不火，失望之极，总觉得自己怀才不遇，无论如何挣扎，也无法脱颖而出。

平庸的标签，像是一个"耻辱架"，谁都想把它摘下，几经努力，若生活还是难尽人意，会不会滋生出几分悲观和失望的情绪？

这个世界上，没有一个人想做"差等生"，也没有一个人愿意落后、垫底，毕竟来人间一场，谁都想惊艳全场。

透过人生的舞台，你会发现，有人灰心丧气，斗志全无；有人选择"躺平"，得过且过；有人用假装努力欺骗自己；还有人，矢志不渝，坚持努力。

既然人生的幕布已经拉开，你就不能只做一个看客，或者是自己躲起来，唯有倾情出演才能让掌声响起。

也许你会说，努力不一定能换来喝彩，但是，不努力怎么会有美好的未来？一个人，要想要变得不一样，就要付出不一样的努力。

不管你承不承认，努力都是弥补人生劣势的最有效手段。只要你笃行不怠，不服输，不信邪，死磕到底，必定会迎来一个焕然一新的自己。

人能掌控的只是努力的程度，至于结果，自然是越努力越幸运。

有的人之所以碌碌无为，不是因为他们不够优秀，而是因为他们努力的程度不够。三分努力和十分努力，结果肯定是不一样的！你努力的程度，决定你的人生高度。你想要抵达什么样的高度，就要付出与这个高度相对应的努力。

努力就像自行车，你蹬得越快，它就跑得越快。好装备固然重要，但更重要的是坚持不懈，用持续努力赋能你的实力，最后用结果证明自己。

你努力的姿态虽然有点疲惫，但样子却很美。多年以后，你一定会感谢那个为梦想而拼搏的自己。那些吃过的苦，受过的累，都会化身坚硬的"铠甲"，变成你的"护身符"，为你抵御风险和挑战。

功不唐捐，一个人的努力，如果在看得见的地方没有"开花结果"，就一定会在看不见的地方"生根发芽"，因为，所有的努力都不会被辜负。

在该努力的年纪努力，才会在该富有的年纪富有。如果，你在该努力的时候选择了安逸，之后可能要花更大的代价来弥补差距。

当下的努力，只是为了以后不那么费力。

当一个人用辛勤和汗水做人生底色，历练真功夫，倾情出演，我相信他终究都会赢得属于自己的精彩人生。

优秀的人，必然有优秀的品格加持。努力是成就自己的必由之路，同时，也是一切成果落地、生根的前提。

努力意味着积极、担当、自律，而不是消极、颓废、放弃。

诚然，努力不一定满载而归，但不努力却一定会空手而回。你是否有过这样的困惑：明明很努力，却依然过不好这一生；有的人不如你勤奋，却把生活过得风生水起。答案可能五花八门，但最核心的一点，大概是你还没有找到高效努力的方式。

努力的意义毋庸置疑，但努力绝不是没有目的的莽撞，也不是没有规划的瞎干。为了让努力更有意义，请给自己一个清晰定位，知道劲往哪里使，力往哪里用，这样才能有的放矢，事半功倍。

间歇性努力的意义并不大，比如练琴，总是三分钟热度地努力，结果也就难尽人意。

真正的努力，除了肢体上的不懈怠，还要有思想上的不放弃。最好的努力，其实是找准方向后的竭尽全力，而不是手忙脚乱地用蛮力。

我曾以为，努力是一种刻意为之。但实质上，努力是一种心甘情愿的自律，只要你严于律己，主动发力，积极进取，就一定能收获一个理想的结局。

稻盛和夫是日本的著名企业家，他曾参与创办了两家世界500强企业，常有青年人向他请教成功法则，他说："只要拼命努力就够了。"显然，只有努力是不够的，还要加上"拼命"二字，全力以赴地去努力，才有可能成功。

3

关于努力，每个人都会想到"收获"二字，我们希望所有耕耘都能硕果累累，也希望所有付出都能满载而归。

然而，最美好的预期不一定就能收获最美好的结局。即使你已经用尽了全力，也没有人能保证你一定收获人生奇迹。在挥汗如雨的背后，有人发出一句灵魂拷问：我这么努力，为什么生活还是不尽如人意？满怀希望而来，结果却是事与愿违，失望之余，不由得发出努力无用的论调。

网络上，关于"努力无用"的争论此消彼长，生活中总有这样的人，遭遇了一次挫折就斗志全无，经历了一次失败就万念俱灰，总觉得努力不划算，索性缴械投降，得过且过起来。

消极之人，哪怕机会就在眼前，也会失之交臂，因为他根本就没有伸手争取和把握。而那些高呼着"努力无用"的人，其实是在为自己的懒惰和无能寻找一块遮羞布，蒙蔽双眼自我安慰罢了。一个人的认知决定一个人境界。就像你给井底之蛙讲世界，给夏虫讲冰雪一样，它们听不懂，也听不明白。成功的路径虽然千差万别，但努力的这条主线一定不会缺席。

提出努力无用论的人，其实是极其自卑的，他不相信自己能行，更不相信命运可以改变，甚至连试一试的机会都不给自己。可怜之人，必有可恨之处，你不努力就别怪这世界残酷无情。

世界上总有些人，安于现状不思进取，或者用假装努力欺骗自己，总是计较眼前的得失成败，却从不考虑"未来的自己"。殊不知，很多努力并不会马上见效，短视的结果只会让努力这种最有价值的事，被懒惰和偏见扼杀在摇篮之中。

懒，一旦变成了习惯，只会越来越难。若加上偏见，你所看到的一切都将是一片灰暗。

假装努力的人，自持聪明，其实他们只是披了件努力的外衣，本质上只不过是自欺欺人罢了。你看我多努力，成绩不满意，这不是我的错。他们善于做表面文章，用忙碌掩盖真相，但其实，他们并不在乎走到哪里。上学的时候，立志好好学习，向第一名看齐，可心里想的念的都是玩游戏；工作的时候，看起来挺忙，却在宝贵的时间里不务正业，还不忘幻想天上掉下业绩。

假装很努力，就像一件漏洞百出的古董，一望便知真假。人生不是一场赌注，无法通过投机、捡漏获胜，也无法通过耍滑、偷懒成就灿烂的一生，因为一切虚心假意的努力，到头来只能感动自己。世界上从来就没有一蹴而就的成功，只有日积月累的努力。当你够勤快，坚持得够长久，才能沉淀出足够多的学问和经验，才能厚积薄发，有所作为。

我们衡量一个人是否优秀，往往不是看他做了多少，而是看他完成了多少。为了不辜负自己，为了让努力更有意义，我们一定要避免假装努力，无效努力。

4
———

没有才华就算了，假如你还不去努力，那么没有谁能够拯救你。

茨威格写过一句话："所有命运馈赠的礼物，早已在暗中标好了价格。"这个世界上根本就没有不劳而获，成功的背后也一定有与之相对应的标的，也就是说，成功是努力之后的开花结果。

我们常会默默祈祷着，希望有一天被幸运砸中，给自己的人生带来转机，事实上，命运之神并不偏袒，每个人都有机会。只不过，懒惰的人总在等命运的安排，而努力的人一不小心就会与幸运不期而遇。

没有真正的怀才不遇，却有真正的"怀才不够"，因为是金子总会发光，谁也无法阻挡。

也许，你会羡慕别人的才华，也会向往别人的生活，有时甚至会觉得自己就是被幸运遗忘的那一个。其实，你所迷恋的只是江湖传说，成功的秘籍就藏在努力和坚持里。所谓的好运气，只不过是恰好遇到了正在努力的你。

请相信，越努力，越幸运。幸运从不会亏待努力的人，但也不会同情虚情假意的人。

世界上没有一蹴而就的成功，也没有靠幻想就能逆袭翻身的云梯。天赋只提供助力，努力才是成就梦想的基石。当你眼望巅峰，脚踏实地，一路向前，终有一天会站在山顶，而你看到的也将是不一样的风景。

努力与不努力的人，在当下可能看不出来差距，但如果假以时日，你会发现，他们最终走上的是两条截然不同的人生路。

不要再说社会不公平，人生已经定性，即使你出身普通，只要你不服输，不认命，就有反转的可能。

对"想要"最好的回答，是想办法努力，而不是想办法放弃。相对于努力，放弃显然更容易，但在未来的日子里，你可能要用加倍的努力来弥补差距。

成功没有捷径可走，努力才是成就自己的最好方式。

第五章

心若舞兮，
梦亦启航

翻身靠自己

1

著名的马太效应描述的现象是"强者恒强，弱者恒弱"。生活中，弱者常寻强者庇护，甘拜下风，自愧弗如，而强者由于弱者的依附与迎合变得愈加强大。

弱者一边抱怨命运不公，努力没用，一边"破罐子破摔"，屈身变成别人的附庸。你会发现，总有一些人把安身立命的希望寄托在别人身上，殊不知，靠山山会倒，靠人人会跑。

依赖父母，父母终究会变老；指望朋友，友谊的小船说翻就翻。即使能依靠别人一阵子，也不可能依靠一辈子。

一个人有"靠山"当然好，优渥的资源让你不至于输在起跑线上，但决定你能跑得更远的一定是自己的实力。俗话说：靠天靠地不如靠自己。历经世事沧桑，终有一天你会明白，自己才是自己最有力的"靠山"。

请相信，有目的的努力，是改变命运的不二法则。认准一个方向，坚定一个信念，努力学习，好好工作，悄悄拔尖，向上而生，终将会惊艳所有人。

当你变得足够强大，生活就不会对你随意践踏，世界对你的态度也将会发生翻天覆地的变化。努力扭转人生颓势，由弱变强是一种很棒的人生体验，而绝处逢生的惊喜更会激励自己奋勇向前。

弱者和强者的最大区别在于，弱者常常自我否定，认为努力无用，一切皆是注定；强者则致力于蜕变，不信邪，不认输，最后变成了自己喜欢的样子。

毫无疑问，蜕变的过程是痛苦、难熬的，唯有咬牙坚持，矢志不渝，才能破茧成蝶，绽放精彩。

人生境遇各异，许多事无法提前安排，你无法选择出身，也无法决定性别。在必然和偶然组成的人生故事里，行与不行并非冥冥注定，一切好结果皆与后天的努力有关。

提及海伦·凯勒这个名字，想必大家一定不会陌生，她是享誉世界的作家、教育家、社会活动家，她用残缺的身躯缔造了一个属于自己的传奇，用坚定的信仰成就了自己灿烂的一生。

在19个月大的时候，海伦突发疾病，变成一个看不见也听不见的女孩。当父母知道海伦从此以后将生活在无声的黑暗世界，不禁悲从中来，伤心不已。海伦是不幸的，小小年纪便成了一位双目失明，双耳失聪的人，同时又是幸运的，她有一个温暖的家，家里有深爱她的父母。特别是家庭教师莎莉文的到来，给童年的海伦带来了莫大希望。

海伦7岁的时候，莎莉文受邀成为她的家庭老师。在老师的精心指导下，海伦慢慢学会了摸盲文，拼单词，并学会了用手指"说话"。知识打开了海伦的眼界，增强了海伦生活的勇气和信心，她在想象中感知这个世界。"我常常感觉到一阵微风吹过，花瓣散落在我身上。于是我把落日想象成一座很大很大的玫瑰园，园中的花瓣从空中纷纷扬扬地落下来。"她用这样动人的笔调描绘着用心"看"到的世界。

在学习和记忆的过程中，她始终坚定一个信念：一定要把自己所学习的知识记下来，把自己变成一个对社会有用的人。世界从来不会辜负一个如此努力的人，在哈佛大学为她特别举办的入学测试中，她顺利通过各项考试，成为哈佛大学的一名学生。为了不给人生留下遗憾，她把每天都当作生命中的最后一天。面对困境，她凭借日复一日的努力和不屈不挠的毅力，把命运始终牢牢地掌握在自己手中。

海伦的一生，88年的生命几乎87年都处于无声、黑暗之中，她以常人难以想象的意志品格，挑战自我，超越自我，最终用沉甸甸的成绩证明了自己。她先后创作了14部作品，其中最著名的有：《假如给我三天光明》《我的人生故事》《走出黑暗》等。她工作后致力于为残疾人谋福利，建立了许多慈善机构，1965年入选美国《时代》周刊评选的"二十世纪美国十大英雄偶像"。

面对人生的不幸，有人选择妥协，有人绝不放弃，结局是截然不同的。这个世界上总有人把身体或性格上的弱点当成一张颓废证明，然后博取同情和怜悯。但也有人不甘平庸，带着"翻身靠自己"的信念上路，自强不息，不畏艰险，用智慧和汗水活成一个更好的自己。

读身残志坚的故事，总让我感动。他们不甘命运的安排，用顽强改写自己的人生，在逆境中呈现出的意志品格更是令我印象深刻。对于像海伦这样敢于挑战自己的人，我相信世界上还有很多，我们除了肃然起敬，没有理由不祝他们成功。

3
———

值得庆幸的是，虽然"马太效应"让人倍感焦虑，但它并非无懈可击，上升通道尚未关闭，对普通人而言仍有机会。

其实，逆袭成功的案例，远比我们想象的要多。虽然，他们的成功不可复制，但却有迹可循。他们出身普通，但心中有梦；与"先行者"差距明显，却从不放弃；纵使风雨阻挡，也会迎难而上；执着于行，最后迎来了可期的未来。

"一分耕耘，一分收获"是亘古不变的真理。

生活的真相是，努力越少，遗憾就越多。努力是一种最佳的自救手段，而颓废只会让生活陷入更深的泥潭。很多时候，让我们踌躇不前的不是难走的路，而是心底无法移除的自卑与偏见。人一旦不相信自己，便会心灰意冷，一事无成。

人生的意义在于努力，而不是放弃。你想过什么样的日子，就要付出什么样的努力，因为努力才能为你拓展生活的领地。

当你遭遇人生危机，你是依靠那根脆弱的稻草，把命运拱手交给别人，还是拼命折腾，靠实力上岸？也许别人会拉你一把，但能改变你的唯有自己。

路遥在《平凡的世界》中写道：生活不能等待别人来安排，要自己去争取和奋斗；而不论其结果是喜是悲，但可以慰藉的是，你总不枉在这世界上活了一场。

也许，你我皆出身平凡，但我们不能甘愿平庸。就像《平凡的世界》主人翁孙少安一样，物质的匮乏并没有浇灭他改变命运的火焰，相反在艰苦环境中的历练让他迸发出超乎寻常的能量，展现出极大的坚韧和顽强，最终创业成功。

既然长大，你就不能再有依靠别人的念头了。工作上，考验的是你解决问题的能力，很多事情都需要你独自去扛；生活里，面对上有老下有小的现状，赡养和抚养都是你应尽的义务。面对挑战，你不能脆弱得不堪一击，也不能自私地随心所欲，你肩上的担子，必须由你自己来挑，没有人可以代替。

当你强大，人生皆是美好；当你弱小，生活处处有烦恼。

人生从来就没有救世主，你的命运别人无法安排，你若想翻身，就逆风飞扬，向上而生。

童话都是骗人的吗

1

前一段时间陪女儿读《一千零一夜》，对其中一篇《辛伯达航海历险记》印象深刻。

在很久很久以前，巴格达城中有一个叫辛伯达的搬运工，靠出苦力养家糊口，生活十分清贫。有一天，辛伯达挑着重担，汗流浃背地艰难行走，在路过一个大户人家时，他决定在门前的台阶上休息片刻。

他刚坐下，就听到院子里传来美妙的管弦音乐声。好奇心驱使他站了起来，眯着眼睛偷偷地向院子里窥探。只见里面雕栏玉砌，金碧辉煌，辛伯达惊呆了。良久，他才如梦初醒，仰天长叹："有的人享不尽荣华富贵，有的人却像我一样，做着最辛苦的工作，还难以糊口。这个世界简直太不公平了。"

他又长叹了一声，准备继续赶路。这时一个仆人从院子里走了出来，说主人邀请他进去坐坐。辛伯达不好推辞，就跟着仆人走了进去。

主人是一个精神矍铄的老人，端坐在厅堂正中。他听完辛伯达的自我介绍后，笑着说："辛伯达，真巧合，我们两个的名字完全一样。我说老弟，你在外面唉声叹气说的那些话，我都听到了。你抱怨世界对你不公，我可以理解。但是你知道吗？我今日拥有的地位以及享受的阔绰生活并不是别人送给我的，我经历过的艰难险阻、千辛万苦是别人无法想象的。"

原来，这个主人就是当时著名的航海家辛伯达。他把他惊心动魄的七次航海旅行，历经27年的艰难险阻娓娓道来，搬运工辛伯达听得目瞪口呆。航海家辛伯达继续说："你听了我的故事，应该知道我如今的富裕生活是我用曾经的艰苦奋斗换来的。因此，我现在可以心安理得地享用这些东西。"

听完航海家辛伯达的故事，搬运工羞愧难当。他终于明白，富足生活并不来自祈祷，而是由奋斗得来。成功没有偶然，你想要的生活，必须通过努力才能实现。当你挥洒了足够多的汗水，才能换来属于自己的幸福。

与孩子一起重温经典童话，总有一种重回童年的感觉。那一篇篇耳熟能详的美妙故事，犹如夜空中一颗颗闪亮的星星一样照亮童心，陪伴着一代又一代人的成长。

虽然，童话源于虚构，但内容却源于生活，而其中蕴含的智慧，带给人们的启发，都是让我们受益匪浅的真理。正所谓：小故事，大道理。

德国作家席勒说："童话里的道理比其他任何说教对孩子的影响都大。"

《青蛙王子》告诉我们要信守承诺，更要说到做到；《卖火柴的小女孩》让我们知道，只有战胜困难，才能迎来光明；《木偶奇遇记》让我们明白，克服任性，改正缺点，才能让人性尽善尽美；还有获得诺贝尔文学奖的《尼尔斯骑鹅旅行记》带给我们的是，逆境并不可怕，只要努力，就会有一个美好的结局。

读童话故事总会给我们带来启发，这种启发并非生搬硬套，而是用跌宕起伏、生动有趣的故事形式娓娓道来，因此更容易被孩子接受和消化。所以，你就不难理解，儿童为什么对童话故事深信不疑，而对大人讲的话却总爱问"为什么"。孩子天生喜欢童话正是出自他们的探索欲和好奇心。情节离奇的童话故事循循善诱，远胜家长说教式的大道理，以至于孩子长大后依然对某个童话情节印象深刻，而对父母说过的许多话早已忘得一干二净。

2

童话是一种喜闻乐见的文学体裁，为孩子的成长"量身定制"，是儿童成长不可或缺的启蒙形式。童话的故事架构大多采用夸张、虚构的手法，作者在创作过程中，用想象力给作品插上一双隐形的翅膀，悄无声息地滋润着孩子的心田，留下了一段段难以忘怀的记忆。

对儿童来说，曲折离奇、生动有趣的童话故事是他们了解世界的一扇窗。在童话王国里遨游，你会发现智慧瓶，也会遇见真善美，透过扑朔迷离的故事架构，孩子会渐渐明白对错，知道善恶。走进童话的王国，孩子便会感知，无论遭遇多么可怕、糟糕的事情，只要坚定信念、心存善良，黑暗与邪恶终究都会被积极、勇敢战胜。

用成人的眼光看童话，或许过于幼稚、虚幻，我甚至听到有家长如此说，童话就是骗小孩儿的。其实不然，儿童之所以喜欢童话是出于对未知世界的好奇，因好奇而探索，在探索中发现，在发现中领悟。不管童话内容多么曲折离奇，但一般都会呈现出一个皆大欢喜的结局。

在蜜罐中长大的孩子，似乎很难领略到世界的无情和残酷，而童话故事的出现恰好填补了这个空白。

童话虽源于虚构，其映射的却是真真切切的人性表白。透过人性，我们看到的是人生百态。有人坚守善良、正义的底线；有人为贪婪、邪恶丢了性命。在这个复杂多变的世界里，既有善良的"七个小矮人"，也有不怀好意的"毒苹果"，循着离奇的故事脉络，我们要引导孩子做一个明辨是非、通情达理的人，树立阳光心态，端正三观，这无疑对儿童的成长至关重要。

不要轻易打消孩子的好奇心、求知欲，只要是健康的，积极的，我们都应该给予信任和支持。瑞士儿童心理学家皮亚杰指出，儿童会一直相信万物有灵，直到青春期来临。你不必觉得孩子不可理喻，更不必对孩子的想象力嗤之以鼻。当孩子天真地告诉你"石头里住着魔鬼"或者"河水下面就有美人鱼"时,不要嘲笑和质疑,其实这只是孩子对童话情节认知的延续。

想象力的匮乏是源于童年阶段的精神打压吗?我不得而知。如果你不断告诫孩子,"童话都是骗人的",孩子的认知世界可能就会轰然倒塌。成人思维会扼杀孩子的想象力,更会毁掉孩子的好奇心和探索欲。对孩子而言,世界的真相就是简单和有趣,而正义战胜邪恶,付出带来收获更是其心灵深处最纯粹的规律。

3

时光荏苒,岁月如梭,似乎就在转眼之间,我们就变成大人了。

回首往事,你的记忆深处,是否还依然珍藏着曾让你痴迷的童话故事?

在繁忙的日常,重温一场旧梦,穿过时空隧道,来到童真年代,带几分童趣回来,给生活增添几分生机和活力。

在枯燥的现实里穿梭,忙忙碌碌,只为搭建一个属于自己的理想家园,结果却撞上了一面"现实的墙",落了个遍体鳞伤。

随着年岁渐长,你会发现童话里就藏着世界的真相。生活并不复杂,复杂的只是人性而已。如果我们用动机不纯的信仰,半途而废的努力去开创新天地,又怎能让梦想落地?

不要说世界不够公平,要知道,世界本来就不欠你任何东西,而你却想用最少的付出来换最好的结局,最后只能事与愿违,愿望落空。为什么你的人生不像童话故事里那样出奇制胜、不负众望?很多时候,不是你梦想不足,而是你努力不够。

不能因世界上有邪恶就质疑正义,也不能因世界上有幸运就放弃努力,你要相信越努力越幸运，而正义会迟到但永远不会缺席。

其实，所谓的真实人生，不过是喜忧参半、福祸相依、有真有假、有善有恶，如同童话故事一般。

你看安徒生笔下的丑小鸭，之所以能变成白天鹅，其原因不在于丑小鸭就是白天鹅，而是丑小鸭身处逆境不抱怨，紧抓梦想不放弃，最终凭着不懈的追求，战胜困难，取得成功。如果丑小鸭自暴自弃不努力，苟且偷生不积极，想必安徒生也不会改变丑小鸭的命运。

"丑小鸭"的成功所映射的正是一个人的奋斗史。而我们终其一生的奋斗不就是希望自己的人生得以反转吗？由弱变强，由穷变富，恐怕就是一个人最真实的理想和追求，毕竟没有人甘心做乞丐，而王子的吸引力显然更大。

所谓理想，大概就是一个美丽的童话，在曲折、离奇的故事里寻寻觅觅，只为找到一个好的归宿，安放自己的幸福。

想必每个人心中都有一座属于自己的城堡，而你就是这座城堡至高无上的主人。你有特立独行、随心所欲的性格，更有享不尽的饕餮大餐和数不清的金银财宝。倘若故事已经发生，你一定经历了挫折，遭受了磨难，沿着与命运抗争的路线，过五关斩六将，最后熬过了黑暗，迎来了属于自己的光明。

童话剧情虽一波三折，但创作的脉络却少不了顺理成章的安排。成功的路径从来就不是一帆风顺，而你拥有与享用的也不会凭空而来，你抗争得越是残酷和激烈，得到的就越是丰盛与圆满。

相较于童话故事里的"按部就班"，置身滚滚红尘，世事纷扰不断，磕磕绊绊在所难免。烦恼之余，总想走进"童话世界"里，住进那个正义战胜邪恶，善良结出善果的国度，远离喧嚣，丰衣足食，自得其乐。

然而，理想并不等于现实，现实就是你必须接受命运的考验，并解决生活中接踵而至的麻烦。当你久经沙场，把自己历练得身手不凡，自然有机会在你的人生秀场上演一段属于自己的精彩。

4

人生如一场戏，善意的谎言，不必拆穿；恶意的欺骗，一定要擦亮双眼。

童话承载的虽是梦想，但它却寄托着人们对美好生活的向往。

童年的快乐，除了无忧无虑，天马行空，更重要的是敢想敢梦。即使是成年人，也不要泯灭童心。胸怀善良，坚定信仰，你相信这个世界，世界才会如你所愿。

人生的许多困惑，总能在童话里找到答案。你要相信，黑暗是暂时的，而黎明总会如期而至。

徜徉在童话故事里，我们不仅看到了精彩，体验到了乐趣，更收获到了人生哲理和经验。

可以想象，如果一个人的童年少了童话的熏陶和感染，将会是一件多大的遗憾。有童话陪伴的童年是温暖的、幸福的，也是值得留恋的。

美好的新年愿望

1

新年伊始，人们都喜欢许一个美好的新年愿望，希望来年佳绩再续，辉煌再现，好运再来。置身新年热闹的氛围之中，我们常常会与自己进行一场得与失的讨论，反思、总结一下过去，规划、展望一下未来。

曾几何时，人们的新年愿望很简单，那就是吃饱穿暖。如今，随着生活条件的提高，我们的新年愿望也随之变得丰盛起来。一方面，我们希望生活富足，应有尽有；另一方面，也希望精神充盈，幸福快乐。

当你忆起过去的一年，你的新年愿望有没有实现？据有关机构调查，有高达88%受访者承认，自己的新年愿望落空了。只有10%左右的人在过去的一年中不负众望，如愿以偿。

事与愿违的原因可谓五花八门，比如市场不景气，交友不慎，状态不佳等，但实质上，愿望落空反映的可能是一个人努力不够，执行力不足，自律缺失。

什么是执行力？执行力，指的是贯彻战略意图，完成预定目标的操作能力。简单来说，执行力就是一个人的做事能力，其核心是以结果为导向，用不折不扣的行动来完成目标。无论我们有多么美好的想法和愿景，如果没有执行力支撑，恐怕一切都是枉然。你若不希望自己的愿望落空，就坚定不移地去行动，咬定目标不放松，用必胜的信念和决心直面挑战，当你乘风破浪、勇往直前时，那些羁绊你的困难就会知趣地给你让路，而生活也会回馈给你一个出人意料的惊喜。

自律是强者身上的重要特质，更是助其成功的关键要素。自律是一种自我管理，在没有人监督的情况下，严于律己，自强不息，用积极和主动践行自己的人生使命。而弱者的人生，极其被动，他们往往用消极、颓废来应付人生，其结果只能是蹉跎了岁月，辜负了自己。人生，不自律，就会失意。自律拼的是责任感，让你带着使命进步，鞭策着你步步为营，奔向美好的前程，实现心中的愿望。

假如，你的新年愿望不幸落空，请不要故步自封，也不要自怨自艾，凡事先从自己身上找原因，审视一下自己，是眼高手低还是玩意太浓？是好高骛远还是急功近利？反思得失，总结成败，带着经验和教训以求来年再战。

2

对个人而言，开好局，起好步，最好的节点就是新年。

我相信，一个人只要下定决心改变，那么，过年就是人生的转折点。只要你为梦想矢志不渝，那么，每一天都可能是一次涅槃。

回顾过去的一年，不必对昔日的成绩沾沾自喜，也不必对曾经的失意唉声叹气，昨日的成败得失，已经成为过去，能决定未来的只有现在。

其实，新年愿望就藏在当下的日子里。只要你不懈怠，不放弃，持续努力，幸运的礼包终究会与你不期而遇。

真正的愿望，不是一个意图，也不是一个想法，而是投入实实在在的行动去实现它。

海伦·凯勒在《假如给我三天光明》里写道："我们最可怕的敌人不是

怀才不遇，而是我们的踌躇、犹豫。将自己定位为某一种人，于是，自己便成了那种人。"

人最怕自我设限，认为自己普普通通，成事概率几乎为零，恐怕再折腾也无法改变平庸。于是，在该努力的时候选择了安逸，在该奋斗的时候选择了放弃，自己都不相信自己，失败也就在所难免了。

有志者，事竟成。一个人，只要下定决心，付诸行动，愿景就可能变成"实景"，还可能将自己的人生带进"佳境"。倘若一个人做事犹豫不决，踌躇不前，缺乏不达目的决不罢休的勇气，那么他无论如何也无法迈出铿锵有力的步伐，更不要说超越自己获得成功了。

真正成功的人，皆有不服输的个性，不轻言放弃，敢于直面困难，哪怕极具挑战性，也愿意去尝试，甚至不惜冒险。

如果你不想荒废青春，也不想辜负众望，就带着你的新年愿望启航，踏上逐梦的旅程，用行动去践行你的初心和梦想。

3

成就自己离不开努力，美好生活终究需要奋斗才能实现。

你想用成绩诠释自己的不凡，也想用实力证明自己的优秀，但当残酷的现实摆在面前，你会不会发出如此感慨：理想很丰满，可实现起来怎么会如此之难。当然，你可能有充分的理由说服自己，比如内外交困、节外生枝、有心无力等，这样的回答似曾相识，找借口、自我安慰应该是很多人的强项。

记得几年前的那个春节，我和朋友吃饭时聊起了各自的新年愿望，他说今年打算考个BEC（剑桥商务英语），以后想从事外贸方面的工作，平时也很羡慕那些英语熟练并能与外国人无障碍交流的人。他还说很后悔在学生时代没有好好学习，如果英文比较好的话就有机会被所在单位派驻到国外工作。听他畅谈梦想，我也不由得说出了自己的愿望，打算考一个导游证，以后想做一个兼职导游，因为我非常喜欢旅游。

几年未见，有一天他到我所在的城市出差，我们相约吃饭，其间聊起了几年前各自的梦想。他说他不仅考了BEC，还成立了自己的外贸公司，如今英语很好，还交了不少外国朋友。

看着他神采飞扬，侃侃而谈的样子，确实比以前更加自信、优秀了。再看看自己，导游证还是个未知数，与从前的自己比起来似乎还是老样子。

我问他怎么做到这一切时，他笑着说："我要养家糊口呀。"这些年不论多忙，他每天都会给自己安排学习的时间，逼自己每天进步一点。给梦想限定一个期限，到时必须完成。他还说，这些年为了工作，甚至戒了游戏。自从不玩游戏以后，发现自己的精力更旺盛了，做事的专注度和效率都提高了许多。

曾经的你我几乎处在同一起跑线，几年不见，有的人兜兜转转，几乎还在原点，而有的人，人生似乎开了挂，早已判若云泥。是什么让人今非昔比，越来越优秀？显然不是虚掷岁月玩游戏，也不是以不变应万变，而是用积极的心态，不懈地努力，脚踏实地，勇往直前。只要你逐梦的姿态不松懈，终有一天会完成自我蜕变和超越。

所谓人生的赢家，一定是那些说到做到的人，不管多大的梦想，如果没有行动，它只是一个梦想，只有行动，才会接近你想要的样子。当你的努力配得上你的梦想，那么你的新年愿望就不再是可望而不可即的幻想。

4
———

梦想是一个很奇怪的东西，你追求它，它不一定来，你不追求它，它一定会离你而去。

  落空的新年愿望背后，是"求而不得"的失落感，总觉得成功的彼岸遥不可及，其实那只是你不会做"分解题"而已。我们知道，一口吃不了个胖子，一步到不了天边。你越是图快，越是不达；你越是着急，越是摇摆。追逐梦想的这条路，没有捷径可走，也无法一蹴而就。成功靠的是日积月累，脚踏实地，任何速成的企图都不会得逞，毕竟罗马不是一天建成的。

  不忘初心，方得始终。不管做什么事，都不能急于求成，因为播种和收获并不在同一个季节。

  有的人，贪婪成性，总想把一切好事都收入囊中，结果却是自不量力，得不偿失。其实，与其眉毛胡子一把抓，罗列一堆华而不实的空洞目标，不如秉持精简原则，集中火力把最该拿下的"山头"拿下。当你成功解决了羁绊你的难题，那么，你就可能得到你梦寐以求的成绩。

  道理都懂，但现实中总有迈不过去的坎和无形的阻力，一旦冲劲被无情阻挠，便不由地滋生出几分无可奈何。

  成年人的迷失，很多时候并不是因为得到的太少，而是你得到的与你想要的并不是同一件事，若你不想要，即便再好，对你而言恐怕也是"多此一举"。

  虽然，梦想与现实之间有一道难以逾越的鸿沟，但也不要轻易放弃敢想敢梦，只是在你放飞梦想的时候，也应结合一下现实，不要那么"好高骛远"，以防事与愿违，努力白费。

  人这辈子，除了脚踏实地，偶尔也要仰望星空，哪怕梦想离我们十分遥远。当你心中有梦，才会燃起希望的光，人生路才不会迷茫。世界是个回音谷，你若念念不忘，就必有回响。大声喊出你的梦想，让世界知道你的渴望，给梦想插上一双翅膀，它就会给你带来无穷的力量。

  当然，一个人只有目标是不够的，还要给目标加上倒计时。不要以为你所有的美梦总有一天会精彩呈现，这只是一厢情愿的妄想，若没有时不我待的概念，无论多么绚丽的美梦都会随着岁月烟消云散。梦想没有动力，就会泄气，多给梦想加油打气，并始终把它定格在心中最高的位置。如果你每一天都在向前，即便是一小步，也是进步。点点滴滴的积累，总有一天会让你厚积薄发，步入理想的人生殿堂。

能想到的只是梦想，能做到的才是能力。生活中有些人心比天高，对自己有很高的期待，却没有足够的实力去支撑，整日活在焦虑、烦躁之中。在失望之余，不由得滋生出许多心灰意冷，总觉得世界如此不公，却从不去想如何提升和改变自己。怨天尤人，注定于事无补，只会让你与别人之间的差距越拉越大，因为别人都在进步，而你依然驻足在原点，一晃又一年，毫无改变。

当你被烦恼困扰，是否想过，是不是你的期望过高？当你放平心态，放慢脚步，不再高山仰止，不再攀云追月，清除内心那些无谓的杂念和欲望，才能找回那个最真实的自己。

不要一味羡慕别人的精彩，你可曾知晓别人为此付出了多少辛勤和汗水？实质上，并不是他们选择了幸运，而是幸运选择了努力。只要你足够努力，幸运同样不会缺席。

5

中国人过新年，往往伴随着各种各样的祝愿，比如：恭喜发财、万事如意、心想事成、身体健康等。这些祝愿之所以泛滥，原因在于皆大欢喜，百听不厌，更重要的是通过这些祝福语言，寄托希望，传达心愿，激励人们在新的一年里更上一层楼，去开创更加美好的明天。

人们热衷于许愿的原因，无非是为了得到或延续某种美好。你有权力选择自己想要的生活，但不要把愿望寄托在"想象"的层面，因为，能成全你的不是虚幻，而是实干。成事者，不论做什么，都必须用心专一，恭敬于事，把该做的事做好，才能"心想事成"。

也许，想象中的世界早已"硕果累累"，只是那些触手可及的美好总是随着梦醒而消失不见。生活的真相，往往在理想破灭的那一刻呈现，现实的残酷之处在于，生活并非一直风平浪静。既然前行，就要面对风雨兼程，即使迎接你的是千难万险，也不要放弃自己的梦想，因为有梦想才不会迷失前进的方向。当你知道自己往哪里去的时候，你的人生旅途就不会迷茫和彷徨，而梦想也会把你带到那个让你朝思暮想的地方。

成功的人生，无非是沿着梦想的路线，将自己的人生目标一个接一个地实现。既然，你不希望自己的新年愿望落空，就赶紧去行动。每一个成功者的背后，都有一个默默奋斗者的身影，他们有备而来，只为在新的一年里，再接再厉，更上一层楼，早日站上自己的人生制高点。

关于过年，最开心的事莫过于实现了新年愿望，刚刚过去的这一年，过得充实而精彩。如果下一个年度的新年钟声已经敲响，让我们带着美好的憧憬出发，踏上追逐梦想的旅程，一起期待未来的精彩绽放吧！

世界需要你温柔以待

1

做人的待客之道是：来而不往非礼也。这句出自《礼记》的名句告诉我们，对于别人的善意，你要做出及时、友好的回应，否则便是失了礼节。而来自世界的反馈，如同个体一般，你若对它温柔以待，它就会对你热情相拥；你若对它无情无义，就别怪它离你而去。

有人说，世界是残酷的，它冰冷无情，让人生历经磨难；也有人说，世界是美好的，它精彩纷呈，让生活惊喜连连。

生活就像一只万花筒，五彩缤纷，千变万化，但能掌控它的人永远是你。在人生的这个舞台上，你的故事全凭自己演绎，精彩与否都是你所有付出和努力的映射。

不要说世界残酷无情，那是你没有实力证明，当你有了驾驭生活的能力，你的生活一定会变得云淡风轻，其乐融融。

世界包罗万象，它有波澜壮阔的外表，和而不同的性格，它海纳百川，气吞山河。但并不意味着你就可以对它随意攫取，恶意透支，你想要的一切都需要付出对等的代价，唯有努力和争取，才能换来你想要的生活。

这世间，从来就没有无缘无故的爱，也没有无缘无故的恨。不要觉得自己很独特，世界就会对你言听计从。勿以恶小而为之，勿以善小而不为。做一个有益于社会的人，用热情浇灌希望，用行动呵护梦想，默默耕耘，然后静待花开。

在追求真知的路上，纵有风雨阻挠，也不要放弃自己的初心和善良。当阴霾尽散，希望的曙光就会照亮整个世界，而世界回馈给你的一定是温暖和光明。

生活的"遥控器"，从来都在自己的手里，你的精彩只能自己主宰。你能登上多高的山，不取决于山，只取决于你。成就自己的最好方式，就是用高远的目标鞭策自己，不断精进，持续努力，把自己变成一个有温度且光芒四射的人。你一旦强大了，就会发现整个世界都会对你和颜悦色，而强大的你无疑会迸发出更大的能量，温暖更多的人。

2

温柔，不仅是一种优雅，还是一种社交礼仪，更是一个人的核心竞争力。

如果说粗鲁和野蛮令人讨厌，那么，温柔与善良则是人性里最为宝贵的财富。

的确，美好的世界需要爱的奉献，更需要每个人温柔以待。如果爱是一滴水，人人奉献一滴，那么这个世界将会变成爱的海洋。被爱围绕的人，无疑是温暖的，幸福的。爱就像一粒种子，播下它，它就会生根、发芽，渐渐长成一棵参天大树，为我们遮风挡雨。

俗话说："赠人玫瑰，手留余香。"真正的快乐，不是索取，而是付出。我们讲爱的奉献，实质上是一种觉悟，你帮助了别人，同时也成全了自己。

我们同属一个世界，每个人都是这个世界的参与者和建设者，虽然，一个人的力量有限，但倘若把所有人的爱汇聚起来，就可以惊天动地。

在世界这个大家庭里，也许，我们每个人的职业和分工不同，但我们所演绎的人生故事皆与集体有关，和谐局面离不开汗水浇灌，更离不开每个人的爱心奉献。当你默默地奉献光与热，为小家带来希望，为大家带来温暖时，你身边洋溢的一定是幸福。

这世间最令人动容的不是锦上添花，而是雪中送炭。当他人陷入困境不能自拔，请不要袖手旁观或幸灾乐祸，伸出手来拉一把，有爱护航才是这个世界最温暖人心的画面。如今，之所以有人惊呼做好事也有风险，是因为有人为此寒了心，失了望，抱着好心去帮忙，结果不仅没有收到感谢，反而惹上了一身麻烦。当我们在为"扶不扶"而吵得不可开交的时候，其实更应该思考的是如何保护善良，惩罚"恩将仇报"，良好的社会风气不能因少数人的居心不良而彻底沦丧。虽然，正义不会缺席，但我还是希望这世间的所有善良都应该被善待和珍惜，因为当我们做个好事都要瞻前顾后的时候，受伤害的将会是整个社会。

冷漠是一场瘟疫，一旦被感染，几乎所有人都难以幸免。如何把冷漠的寒冰融化？首先，你要相信自己可以发光发热，用你的热情去感化人群中的淡漠和炎凉。一旦"人人为我，我为人人"成为社会的风向标，那么，"爱的和谐号"将会载满感人至深的故事驶向幸福的彼岸。美好的世界，一定少不了你的奉献。一个人的社会价值不是以生命的长短来计算的，而是以其为世界奉献了多少爱来衡量的。

与其抱怨世界冰冷无情，不如放下傲慢与偏见，用爱奉献。当你身边处处有温暖，那么，这个世界也将会给你带来最美好的体验。

你期许的所有美好，都与你的奉献有关。如果说，"燃烧自己"是助人为乐，那么，别人的感恩回馈，则会让你"手留余香"。

作为普通人，我们不一定能为这个世界做出大贡献，但我们却可以用"星星之火"，让社会变得更美好。

现代著名作家，漫画家丰子恺曾说过这样一段话："你若爱，生活哪里都可爱。你若恨，生活哪里都可恨。你若感恩，处处可感恩。你若成长，事事可成长。不是世界选择了你，是你选择了这个世界。"

人生是一场关于选择的艺术，你选择什么样的生活方式，就会过什么样的生活。你若对世界温柔以待，那么，世界就会对你笑脸相迎。

身处滚滚红尘，没有人能躲得过喜怒哀乐，最好的生活，莫过于一半烟火，一半清欢。不管你有怎样的人生体验，我都希望你人间清醒，得意不忘形，失意不莽撞，不念过往，不惧未来。

梦想的桃花源，并不遥远，当你扬起爱的风帆，带一颗感恩的心出发，以爱的名义去拥抱这个世界，吹拂而来一定是和谐、温暖的春风。

3

时光美好，有时却会被意外惊扰，乘兴而来，败兴而归，甚是无趣。

人际交往的原则是礼尚往来。你信任别人，别人才会信任你，这是一个良性循环，如果彼此互不信任，那么人与人之间不光会相互猜测和提防，还会出现信任危机。当然，推动社会风气健康发展，不能依靠几个人，而是要借助群体的力量。

一切美好的开始，都源于信任与被信任，有信任基础的人际关系，无疑是收获幸福的前提。人不可能离群索居，我们总要与人共事、合作，信任是彼此合作的基础。

什么是善良，就是与人为善的本色，即使内心兵荒马乱，也不会做违背良知的事，始终保持敦厚的底色而不被污浊所感染。

人最大的底气是什么？善良。因为善良，你做人坦荡，心胸宽阔，自然能容得下天地万物。

善，是慈悲，不是懦弱；恶，不是自保，而是自残。

温柔是一种自我涵养的体现，我们弘扬崇德向善，但并不意味着一味地软弱和忍让。你的善良，必须带点锋芒；你的温柔，决不能成为软弱的代言。

修炼自己的灵魂，向好出发，做一个有益于社会的人，用一颗温柔的心，守护这世间美好的一切。

4

假如生活欺骗了你，你是既往不咎，还是心怀恨意？

在岁月的长河里跋涉，总有一天你会明白，人生就是一场与自我的和解。当你放下执念，与世界握手言和，才不会深陷烦恼的泥潭。毕竟，这世间的清欢，不是"一尘不染"，有杂质是正常的，只看你如何化解和接纳。

世界没那么尽善尽美，也有许多可改造的地方，正因为有缺憾，才为我们的发展提供了可完善的空间。人生最为难得的是，看清了生活的真相，依然热爱着生活。

虽然，世人趋利避害并无不妥，但前提一定不能损人利己、背信弃义。坚守做人的底线和原则，就是严于律己，宽以待人，守正三观，与人为善，不将自己的意志强加于他人，理解不同，包容差异。

利他，就是利己；给予爱，就会收获爱。为别人点亮一盏灯，自己面前也会透出光亮。如果你期待的美好未能如愿，不如给爱多一点时间，请相信，你的所有善良都不会被辜负。

在人生大道上追逐梦想，你可以出彩，也可以出丑，但千万不可以出格。遵从良知，恪守底线，带一份真挚的情，欣赏一路风景；用一颗炽热的心，温暖这个世界。

余生，想必你已修炼出了通透洒脱的本领，不以物喜，不以己悲；看淡得失，不究过往。

做一个拥有阳光心态的人，用温暖治愈岁月的伤；做一个心地善良的人，用爱撑起一片感动。

感恩善良，致敬相遇。愿你为爱护航，继续善良，用温柔托起一束希望的光，照亮别人，成就自己。

第六章

你是一个
受欢迎的人吗

擦亮素质的名片

1

如何判断一个人值不值得交往呢？若排除功利的企图，我们大概会通过揣摩对方的人品和素质来加以判断。人品日久方可鉴，而对素质的识别一目便可了然。

生活中，一个人素质如何，只需察其言，观其行便可见一斑。在我看来，素质是一种根植于内心的善良，不损人利己，不倒行逆施，自觉维护社会公德，恪守做人底线，是社会秩序的建设者和维护者，而不是颠覆者和破坏者。

素质是一个人身上独特的标签，这个标签不是天生就有，而是来自后天塑造。

《三字经》里有一句名言：养不教，父之过。教不严，师之惰。教育离不开父母的言传身教，也离不开老师的传道授业解惑，更离不开社会的熏陶影响。小时候缺乏约束和管教，没有养成好习惯，那么长大以后就很麻烦。坏习惯会像一张网把他围于一隅，执于一端。

古往今来，欲成大事者，必先修身。按照孔子的说法，一个人只有修身，才能做到齐家治国平天下，可见修身是多么重要。决定一个人成就大小的，不仅是才华，更需要品行素养加持。素质是一个人身上最基本的教养。比如门要轻轻关；洗手不让水花乱溅；不闯红灯，礼让行人；用过的物品、看过的书物归原位，等等，透过这些生活细节，就能看出一个人的教养如何。

对于喜欢逛书店的我来说，总会在书店发现一些"另类"人士，他们常以自我为中心，丝毫不顾及他人的感受。有人旁若无人地聊天，对"请勿大声喧哗"的标语视而不见；看过的书，随意放在座位上，即使放回也难以物归原处；坐在过道，影响别人通行或者取阅。

说到这里，可能有人会站出来反驳，认为成大事者应不拘小节，不该把精力放在鸡毛蒜皮的小事上。小事成就大事，细节决定成败。很多事看起来微不足道，却会因小失大，因大意而错失良机。可以这样说，素质好坏，事关人生成败。

一个人有没有出息，透过其言行便可一目了然。做事马虎敷衍，苟且随便的人，是很难担当大任的，因为不注意细节的人恰恰会输在细节上。

2

如果说，首因效应留下的是"印象分"，那么，素质就是一个人"显而易见"的名片。

虽说"以貌取人"失之偏颇，但"相由心生"却是最真实的内心写照。人的形象里藏着教养，而教养决定未来。

一个人能不能给别人留下好印象，不取决于他的职位、权力，而取决于他的素质。有素质的人，自带魅力，如沐春风，给人以舒服的感觉。为人处世的成功秘诀，就是懂得让人舒服。让人舒服，不是刻意迎合、讨好，而是刻在骨子里的教养。

做一个善良的人，不欺世乱俗；做一个严于律己的人，不随心所欲；做一个儒雅的人，坦然而行。

素质高的人看起来都是相似的，而素质低的人则各有各的不同。素质低并不可怕，可怕的是从不认为自己素质低。有的人，追求特立独行却误入歧途，总觉得"不走寻常路"是一种酷，"出格"的行为背后能够获得更多关注度，用无知"武装"自己的认知，让人啼笑皆非。

关于素质的好与坏，服务人员最有发言权。为什么呢？因为，服务对象千差万别，有人不讲秩序，有人胡搅蛮缠，更有甚者，一言不合被打一顿也是屡见不鲜。所以你会发现，能不能把服务做好，考验人的往往不是任劳任怨，而是忍辱负重。

素质代表的是一种尊重，你尊重别人，别人也会尊重你。如果一个人随意践踏别人的劳动果实，以颠覆秩序为乐，自私自利，横行霸道，不考虑他人的感受，用随心所欲的性格行走于江湖，那么，他最终会成为不受社会待见的人。

小时候，我们经常被教育不要多管闲事，这主要源于父母的爱，父母不希望我们因"管闲事"而惹上麻烦，以至于长大后不少人仍习惯用一种"事不关己，高高挂起"的行为准则来约束自己。偶遇素质低下者，通常都不会出面提醒或制止，而是会睁一只眼闭一只眼，只要不涉及自己的尊严和利益，选择置之不理的可能是人群中的多数。我们用包容来理解千人千面，殊不知，你越是谦让，有人越是理所当然；你越是原谅，有人越是得寸进尺。

幸福生活离不开"宽容"二字，但并不意味着凡事都要妥协与迁就，否则，宽容就会变成纵容。

也许，我们无法管控别人，但我们完全可以支配自己。身体力行善良本性，以助人为乐，以助人为荣，当你走得正、行得端，就不用担忧"影子斜"这个问题了。

你想要的美好，就藏在自己的言行举止里。井然有序的世界秩序，需要以身作则的群体；高风亮节的人格魅力，需要知书达礼的社会风气；你敬我一尺，我敬你一丈；你若以礼待人，别人也会以礼回之。作为群体中的一员，我们除了为自己代言，更要为群体锦上添花。

3

在人类的大家庭里，每个人都扮演着一个不可或缺的角色，演好自己的角色是责任，更是担当。

总有一些人把素质视为人的本性，认为江山易改，本性难移。实质上，人的性格和修养是可塑的。纠正陋习，并不是抓住陋习本身不放，也不是采取打击、挖苦这种让对方更痛的方式，而是正视不良习惯对自己及他人的影响和伤害，拿出痛改前非的决心和勇气，迷途知返，改过自新，才能让他人刮目相看。

世界上最美的风景，不是不被打扰，而是山水相依，自成一景。

花若绽放，芬芳自来。当我们欲乘"和谐"的春风继往开来，那么，受益的终将是所有人。

星星之火可以燎原，如果人人都能以身作则守住素养的底线，那么，世界一定会变成最美好的人间。

让我们摒弃陋习，从我做起，不肆意妄为，不我行我素，用行动捍卫文明，用爱心构筑和谐。

你向往的生活并不遥远，只要擦亮素质的名片，心不逾矩，行不出格，就一定能与美好的世界相遇。

但愿，你所搭建的人设有口皆碑，你所期待的生活井然有序，在这场与美好相约的人生故事里，让我们感恩付出，用自律守护来之不易的幸福。

莫因冲动酿大错

1

人们常说，冲动是魔鬼。大概是因为人在冲动时，面目狰狞可怕，愤怒有余，理性不足，常会造成无法估量的后果。

冲动是一种做事鲁莽，不计后果的不理智行为。心血来潮，意气用事，一旦冲破法律或道德底线，便会将自己置于危险的境地，得不偿失。

古往今来，有多少英雄好汉因盲目、冲动酿成大错，又有多少人因理智、冷静而赫赫有名？

我曾在史书上看到过这样一个故事：北宋时期，有一位叫吕蒙正的官员，是当朝参知政事，可谓权倾朝野。有一次上朝，他听见一个官员在旁边说："这小子是参政？"吕蒙正闻而不语，径直往前走。"这个人怎能如此狂妄无礼。"随从很气愤，对吕蒙正说，"我去问问他叫什么名字。"吕蒙正摆摆手说："千万别问，你若知道这个人的名字，就永远也忘不掉他了，给自己徒增烦恼，何必呢？"

后来人们谈及此事，就向他行注目礼，佩服得不得了，惊叹吕蒙正心胸宽广，不计人过。再后来，这件事还被写到了宋史里。试问，吕蒙正若面对无礼者挑衅，怒发冲冠、迁怒于人，用手中的权力肆意妄为，他还能名垂宋史吗？俗话说："宰相肚里能撑船。"胸怀大的人能干大事，这的确是有道理的。

我们常说,"忍一时风平浪静,退一步海阔天空","忍"和"退"并不是无能、懦弱,而是一种为人处世的智慧。对于聪明者来讲,选择避其锋芒并不是"缴械投降",只是不想"擦枪走火"而已。人要学会做情绪的主人,而不是奴隶。当你被对方激怒,只有控制好自己,才能有的放矢,才能变被动为主动。幸运的是,生活中的多数人都深谙悬崖勒马的道理,不至于让自己因冲动坠入无法预知的人生"黑洞"。

人生中的很多事,你不去招惹它,它只是一件事,而你一旦去碰它,就有可能变成一场事故。理智的人,总会在冲突之前按下暂停键,而不理智的人,只知一味往前冲。两者的结局,显然是天差地别。

冲动容易,平复伤害却很难。如果每个人都能预测到冲动后的结果,我想这个世界上的大部分悲剧都会"销声匿迹"。

生活中最得不偿失的事,就是为一件微不足道的小事大动干戈,一定要争个鱼死网破,最后因冲动过头,酿成无法挽回的大错。

2

人生最大的悲剧,不是输给对手,而是败给自己。

对有些人而言,余生长不长,不取决于健康不健康,只取决于冲动不冲动。也许,一次无谓的冲动,就是两种截然不同的人生。

人在情绪失控的时候,所做的决定往往是不经过大脑的,而有些决定一旦做出,就没有了回头路。

不假思索,不计后果的冲动,常会付出惨痛的代价。当你挥出愤怒的拳头,砸向别人,自己也会隐隐作痛。有人这样形容打架,打输住院,打赢坐牢。也许,打架的初衷是为了解决问题,但通过打架能解决问题吗?我看很难。

实质上，通过"拳头"沟通绝非明智之举，你动手，别人也会反击，最后只会两败俱伤。唯有理性才能解决问题，才能"化敌为友"，和谐共生。

冲动常以愤怒开始，又以悔恨结束。

我在路上曾目睹过这样一次车祸，一车加塞，后车不服，结果两车上演了一场你追我赶的亡命追逐，最后造成两车相撞起火，致使交通严重拥堵。幸运的是人并无大碍，不过，他们也为自己的野蛮行径付出了代价。你开车上路，正常行驶，却被别人无缘无故地加塞。理智的人选择忍一下，也许那个家伙家里有什么急事；而不理智的人，大概就会选择像上面案例中的那位"以牙还牙"，拿别人的错误惩罚自己。很多时候，你本来是一个受害者，结果因为一时冲动，转眼之间就变成了犯罪嫌疑人。

冲动的人喜欢做一件事，那就是"针锋相对"。别人可能无意间做了件你认为伤害你的事，立刻要"以其人之道，还治其人之身"，不反击，似乎就是委屈了自己，最后，只能是自食其果。

法律节目上经常会有这样的人，辛辛苦苦奋斗了几十年，事业有成，家庭幸福，却因一次不理智的冲动，就让所有努力归零，甚至身陷囹圄，追悔莫及。管控好自己的情绪，不要让冲动伴随着惩罚坠落人生谷底，付出惨痛的代价。

一个无法掌控自己情绪的人，一生都要为自己的情绪埋单。

生活是进行时，不是排练场，无法为了弥补遗憾重新再来一遍，很多时候一步走错满盘皆输，总以为来日方长，大不了从头再来，可总有些代价却要用余生来换。

人这辈子总有关键几步，走对了登上巅峰，走错了跌入深渊。有些错本可以避免，如果遇事不那么冲动，你的人生必然更精彩。

唯有心静，方能从容；唯有淡然，才能释怀。人生就是一场"修心"的过程，能管控情绪的人，才能驾驭属于自己的幸福。

做一个情绪稳定的人，即使内心兵荒马乱，表面也要波澜不惊。凡事不要锋芒毕露，学会不动声色，带着冷静、平和、理性逐梦，用一颗善良的心，与人世间的纷争握手言和。善待别人，就是善待自己。

3

　　一个人最了不起的能力，就是管得住自己的脾气。

　　拿破仑说："能控制自己情绪的人，比能拿下一座城池的将军更伟大。"

　　真正的强者都是情绪管理高手，不动声色，却又能运筹帷幄，将局面控制得恰到好处。

　　生活中，你会发现，本事越大的人，脾气越小；而没什么本事的人，反而脾气很冲。乱发脾气，其实就是对自己无能的发泄，最终伤害了别人，也伤害了自己。

　　有一句箴言：人生，赢在和气，成在大气，输在脾气。

　　达尔文曾说："人要是发脾气，就等于在进步的阶梯上倒退一步。"想想也是，有时你没有控制住发了脾气，最后不得不用更多的时间和精力去挽回，甚至为此付出了高昂的代价，实在是得不偿失。

　　我曾在网上看到一个故事：一个老财主，嗜茶如命，对一套紫砂壶视若珍宝、爱不释手。一日夜里，他伸手到桌子取物，不小心把茶壶盖摔到地上，听到咣当一声，他顿时恼羞成怒，顺势把茶壶扔出了窗外。

　　第二天醒来，他看到了茶壶盖，检查后发现并没有碎，可能是跌落鞋面起到了缓冲作用。他再一次恼羞成怒，茶壶盖没碎有何用，整个茶壶都扔出去了，于是，他捡起茶壶盖用力地摔在地上，这一次是真的碎了。

　　他走出房间来到屋外，发现昨晚扔出来的茶壶完好无损地躺在草丛里。

　　老财主摔东西的那一刻一定倍感解气，可在解气的背后会不会泄气？也许，潇洒一摔就会把工作摔没了，把家庭摔散了，因为，冲动犯的错，终究是需要偿还的。表面看，他只是摔碎了一个物品，却毫无掩饰地暴露了他的坏脾气。如此冲动的人谁愿与之为伍？被情绪左右的人，就无法平静地面对日常，对人生的困惑也必然会束手无策。

如果有一个选择题，问题是你希望做情绪的主人还是奴隶，我相信没有人会选择做情绪的奴隶，但实质上，生活中被情绪左右的人比比皆是。不能控制情绪的人，不知道什么时候爆发，也不知道什么时候激进，令人猝不及防，提心吊胆。

大概是烦恼丛生，心情压抑，我发现生活中不少人喜欢动怒、发脾气，说话时不由自主地把声音提高八度，在言语上恐吓、在气势上压制对方。发脾气是一种情绪的宣泄，不少人都有过这样的体会，发完脾气自己变得安静了，心里似乎也舒服了许多，但却后悔了，因为感知到自己的无理取闹伤害到了无辜的一方。如果有人用镜头将发怒者的影像记录下来，我估计他自己都会大吃一惊。

发脾气本身是一种自贱行为，因为，冲动没有赢家，有的只是两败俱伤。只会乱发脾气，无法管控情绪的人，总有一天会活成别人讨厌的模样。也许，每一个人都希望做情绪的主人，成为一个好脾气的人，然而，人生不如意事十有八九，面对自己无法忍受的人和事，本能会感到不爽，不爽一旦升级便会演变为我要骂出去，或者我要打过去的冲动，抑或者用一种极端的方式报复对方，有时甚至会用自残的方式对付自己。当愤怒排山倒海而来，还击是人的本能，如果冲突升级，没有人可以全身而退。

坏脾气会赶走好运气。控制情绪没有灵丹妙药，只有忍。看看那些成功的人，能忍常人所不能忍，能克制自己的情绪，宠辱不惊，不急不躁，才能不慌不忙，从容自若。

这个世界上每天都会上演着愤怒与冲动，与此同时也发生着宽恕与冷静。我知道按捺冲动是一种痛苦，但痛苦也得忍着，因为愤怒一旦爆发，其结果往往会比痛苦更痛苦。宽恕和冷静是应对人生风雨的一剂良药，一个人只有心胸开阔，包容大度，做事不急，遇事不怒，才能凝聚幸运，收获奇迹。

4

冲动是一切悲剧的根源，若任其生根发芽，它便会开恶花，结毒果，成为一颗影响幸福的"毒瘤"，为人生埋下痛苦的伏笔。

幸福人生离不开情绪管控，学会自我约束和克制，是人生的一门必修课。当你用心感知这世间的美好，便会发现，其实生活中的许多事并不值得你大发雷霆、火冒三丈，当你收敛起脾气，按捺住冲动的心魔，以阳光的心态面对一切，一定会遇见更加优秀的自己。

岁月会磨平一个人桀骜不驯的棱角和轻狂，但却不会提前赋予他先知先觉的人生感悟，很多事，也许只有经历过才会痛彻心扉。有的人，做了大半辈子好人，却输给了一次无谓的冲动，导致晚节不保，实在是令人唏嘘不已。

人的境况如何，看一看他的脾气，大概就可以一目了然了。可以说，一个人的脾气就是他人生是否幸福的变量。

所谓成熟，并不是你年龄大了就成熟了，而是遇事能沉得住气。纵然，每个人都有掀桌子的力气，但并不是所有人都有不掀桌子的修养。

我们知道冲动是魔鬼，那么，如何避免魔鬼缠身呢？我的建议是：修身养性，管控情绪。我们无法要求别人，却可以约束自己。多一些理解和包容，少一些抱怨和指责，做一个有修养的人。将情绪收纳于心，让内心温顺起来，唯有如此，你才能从容应对人生的潮起潮落。如果自知脾气不好，在即将发作时，先忍一下，给脑子一个回旋的余地，不要狂风骤雨般恶语相向、拳脚相加，戛然而止的隐忍虽有不爽，但总比坠入无法预知的深渊要好得多。

情绪管理专家罗纳德博士说："暴风雨般的情绪，持续时间往往不会超过12秒。爆发时摧毁一切，但过后却风平浪静。控制好这12秒，就能排解负面情绪。"

人之所以会冲动行事，往往是因为缺乏深思熟虑的斟酌，当怒火倾泻而出的瞬间，也许就是一场无法弥补的过错。人在情绪失控时，一瞬间就会酿成一场悲剧。假如，我们能稍作停留，把握好这一瞬间，我想这世间一定会平添许多美好和感动，也会减少许多无谓的悔恨和伤痛。

不要等残局无法收拾才后悔；不要看结果无法挽回才遗憾。

其实，真正能驾驭情绪的人，不是没有情绪，而是能把情绪控制在安全线之内。很多事，忍一下就过去了，若不忍，很有可能会演变成一场无法挽回的人生事故，成为一辈子的遗憾。

德国哲学家尼采说："坏脾气的消失，可以准确地反映出智慧的增长。"

所谓人生赢家，一定是赢在了脾气。当你心中乍起冲动的波澜，能够用理智压制住躁动，用一颗淡然的心应对日常的烦恼与不幸，对别人多一些理解和包容，那么，你一定会收获美满和幸福，从而赢得人们的欣赏和尊重。

但愿，每个人的内心都有一个把控冲动的按钮，在关键时刻可以按下暂停键，避免因不理智而冲出幸福人生的轨道。

让抱怨到此为止

1

　　抱怨是潜伏在人性里的一个弱点，常以怨言愤语表达不满，责怪别人，开脱自己。实质上，抱怨并非有效沟通，它不但无法让自己释怀和放松，也无法令他人满意和接受。

　　生活一旦被抱怨笼罩，便会被"语言垃圾"围绕，迎面而来的一定是怨声载道的赘言与废语，害人害己。

　　抱怨者自困于心，满腹闷气，愤愤不平，失望之余，总想找一个发泄的窗口，若此时恰好有倾诉人选，就会将心中的不快、愤懑倾泻而出，不吐不快。

　　威尔·鲍温说："抱怨好比口臭，当它从别人嘴里吐露时，我们非常敏感，唯恐避之不及；但从自己口中发出时，我们却浑然不知。"

　　抱怨者，情绪亢奋，滔滔不绝；被抱怨者，心如芒刺，如鲠在喉。

　　没有人喜欢被抱怨，也没有人愿意成为负面情绪的"出气筒"。毕竟抱怨不是袒露心声，也不是心平气和地陈述叙说，而是语调里夹杂着愤慨、牢骚和责怪，显然，这样的沟通语境，对正常人来说是难以接纳和忍受的。

　　若一个人以抱怨的方式进行日常交流，便会把工作搞得一团糟，更会把生活过成一地鸡毛。抱怨者的理由五花八门，他们会觉得工作太累，工资太少；存款不多，房价太高；压力太大，生活不易……但其实，把抱怨当成自己情绪的发泄口，妄想通过抱怨一番就能好事临门的企图，并不会因抱怨而改变，反而抱怨会悄无声息地影响一个人的思维、行动，是彻彻底底的负能量。

抱怨的原因诸多，但归根结底是对现状不满，当一个人把不满的情绪归咎于他人或社会的时候，问题并不会迎刃而解。扪心自问，如今的现状不是你一手造成的吗？怨天尤人的背后，恰恰反映的是一个人的无能。真正的聪明者，不会将愤怒和怨言倾泻到他人身上，也不会轻易打开自己情绪的潘多拉魔盒，因为他们知道，反躬自省、奋发图强才是提升自己的王道。

英国作家J.K.罗琳是一位单亲母亲，独自一人带着女儿租房生活，生计仅靠一点救济金维持。尽管日子难熬，但她仍执着于梦想。经过孜孜不倦地努力，罗琳终于创作出了风靡全球的《哈利·波特》。在罗琳回顾成功之路时，她说自己的成功秘诀是："我永远都能找到写作的时间。"她不抱怨生活的挫折、磨难，也不向命运低头、认输，而是用执着和努力去书写属于自己的灿烂人生。反观那些经常抱怨的人，之所以无法成就梦想，也许，只是因为他们把时间都荒废在了发牢骚上，却忘记了行动。

做永远比说重要，抱怨是阻止人变优秀的最大障碍。

2
———

抱怨是一种语言"软暴力"，是一种无效沟通，不但达不到你想要的结果，甚至会事与愿违，得不偿失。

夫妻间，抱怨是争吵的导火索；朋友间，抱怨是友谊的终结者；同事间，抱怨是工作的障碍物。来势汹汹的情绪化抱怨，只会让结果往消极的方向蔓延，你的诉求并不会因抱怨而实现，相反，只会让情况变得更加糟糕。

我曾看到过这样一则故事：父亲的一块表不见了，他一边抱怨，一边四处翻腾着寻找，可找了半天也没有找到。等他出去了，儿子悄悄进屋，不一会找到了表。父亲问："怎么找到的？"儿子说："我就安静地坐着，一会儿就能听到滴答滴答的声音，表就找到了。"

抱怨是生活里的杂音，一味抱怨，只会让你的身边出现不和谐的音调。这种音调不光刺耳，还令人讨厌和反感。

明知抱怨不利于人际交往，为什么还有那么多人喜欢抱怨呢？大概与生活压力大，期待有余，惊喜不足有关。落空的愿望导致心情不佳，此时抱怨几句似乎情有可原，只要不习以为常就好。怕就怕把抱怨当成生活中的"口头禅"，动不动就抱怨一番，一旦过度抱怨和超频抱怨将生活笼罩，那些挥之不散的怨言，像是一种诅咒，无论对谁而言，都是一场灾难。

人一旦生活在抱怨之中，就无法专注于工作，也无法善待家人，甚至无法快乐生活。抱怨就是影响人生的"绊脚石"，若不立场坚定地将其移除，恐怕一切努力都是枉然。

怨言怨语并不能让人体验到皆大欢喜，反而会让人窒息和压抑。情绪就像一个皮球，你把它对着一堵墙狠狠地扔出去，它只会带着愤怒折返。

即使你有充足的理由抱怨，恐怕也没有人愿意心甘情愿地洗耳恭听。若一个人不考虑别人的感受，总是满腹牢骚，怨天尤人，只会让他的人生陷入被动，除了过过嘴瘾，并不会得到其他好处，反而会落得一个遭人嫌弃的下场。

总有些人把生活过得如此撕裂，对昨日的不堪时常咀嚼，而对当下的甜美却刻意忽略，整日怨天尤人，敏感多虑，这类人实属有福不享，自讨苦吃。

做人不可过于执拗、倔强，假如一个人偏偏要做别人不喜欢的事，结局只有一个，那就是亲手将自己变成生活的"反派"。

抱怨者常带着情绪而来，若能避其锋芒，待对方冷静以后再沟通，恐怕才能收获一场有效的交流。

我特别欣赏的一种沟通方式是，不指责、不抱怨、不强求。指责让人反感，抱怨让人心烦意乱，而强扭的瓜不甜。

3

成功者不抱怨，抱怨者不成功。

身处窘境，不抱怨，不言苦，不放弃，才能让一个人逆风翻盘。

著名的日本企业家松下幸之助曾说过这样一段话：我获得成功，很大程度上是因为受到了上天的眷顾，它赐给我三个恩惠，让我受益无穷。

第一个恩惠，我家里很穷，穷到连饭都快吃不上了。托贫穷的福，我从小就尝到了擦皮鞋、卖报纸等辛苦劳动的滋味，并以此得到了宝贵的人生经验。

第二个恩惠，从一出生，我的身体就非常孱弱，托孱弱的福，我得到了锻炼身体的机会，这使得我到老年也能保持身体健康。

最后一个恩惠，就是我文化水平低，因为我连小学都没毕业。托文化水平低的福，我向世上所有的人请教，从未怠慢过学习。

松下幸之助没有抱怨贫穷，也没有抱怨孱弱，更没有抱怨学历低。相反，他认为他的成功正是源于这些"人生短板"对他的恩惠。

人生舞台上，抱怨和不抱怨，往往演绎的是两个截然不同的角色。抱怨者怨天尤人，故步自封，而不抱怨的人，即使身处逆境，也会逆风而行，向上而生。很多时候，生活并没有你想象的那般艰难，是你用悲观偏执的思维，把自己推向了痛苦不堪的深渊。

即使生活有不尽如人意之处，我们也不能像祥林嫂那样，见人就倾诉自己的伤痛，唉声叹气，怨声载道，似乎自己就是这个世界上最悲惨的人。

工作没有晋升，是因为领导有眼不识泰山；没有朋友，是因为别人俗不可耐；人生不如意，是因为时运不济……甚至觉得自己不该生在这个时代，遇到这样一群人，总之，你的人生境遇如此这般，都是别人和环境的错。

我发现，生活中那些"怨气"较深的人，喜欢将生活中的不如意归结为社会不公平，机会不均等。于是，在抱怨者的潜意识里，他们常常会给大脑下达一个消极指令，不愿意积极求变，克服困难，而是蜷缩在自我编织的借口里怨天尤人，却不知，抱怨是一张无形的网，一旦深陷其中，束缚的将是自己一生的幸福。

在人生的考场，那些默默奋斗的人，终究会交出一份惊艳的答卷；那些一味抱怨、找借口、逃避的人，非但解决不了任何问题，还会让问题累积，把生活变成一团乱麻，难有出头之日。

透过现象看本质。也许，每一句怨言的背后都隐藏着一个个亟待解决的痛点。当你拿出刮骨疗伤的勇气，将抱怨的根源移除、消灭，你才能收获新生的惊喜。

人生没有绝对的公平，与其抱怨，不如撸起袖子加油干。你要相信，机会的窗口只会对积极向上的人打开。只要你敢于改变自我，放下怨恨与愤怒，总有一天，你的人生一定会光芒万丈。

4

曾国藩在其家书中写道："牢骚太甚者，其后必多抑塞。"

经常发牢骚的人，今后的路一定不好走，因为他只顾低头发泄不满，却忘记了如何抬头追寻阳光，走出泥淖。

我敢断言，如果一个人停止抱怨，他一定可以脱胎换骨，重获新生。

正如《不抱怨的世界》这本书里说的：停止抱怨，你就已在通往你想要的生活的路上了。

在成功者的特质里，不抱怨是一条底线。

不抱怨，你才能拥有更加美好的明天。